BEI GRIN MACHT SICH IHR WISSEN BEZAHLT

- Wir veröffentlichen Ihre Hausarbeit, Bachelor- und Masterarbeit

- Ihr eigenes eBook und Buch - weltweit in allen wichtigen Shops

- Verdienen Sie an jedem Verkauf

Jetzt bei www.GRIN.com hochladen und kostenlos publizieren

Impressum:

Copyright © 2015 GRIN Verlag, Open Publishing GmbH
Druck und Bindung: Books on Demand GmbH, Norderstedt Germany
ISBN: 978-3-668-04996-3

Martin Eder

Einführung in die Physische Geographie. Geomorphologie, Klimatologie sowie Boden-, Hydro- und Vegetationsgeographie

GRIN Verlag

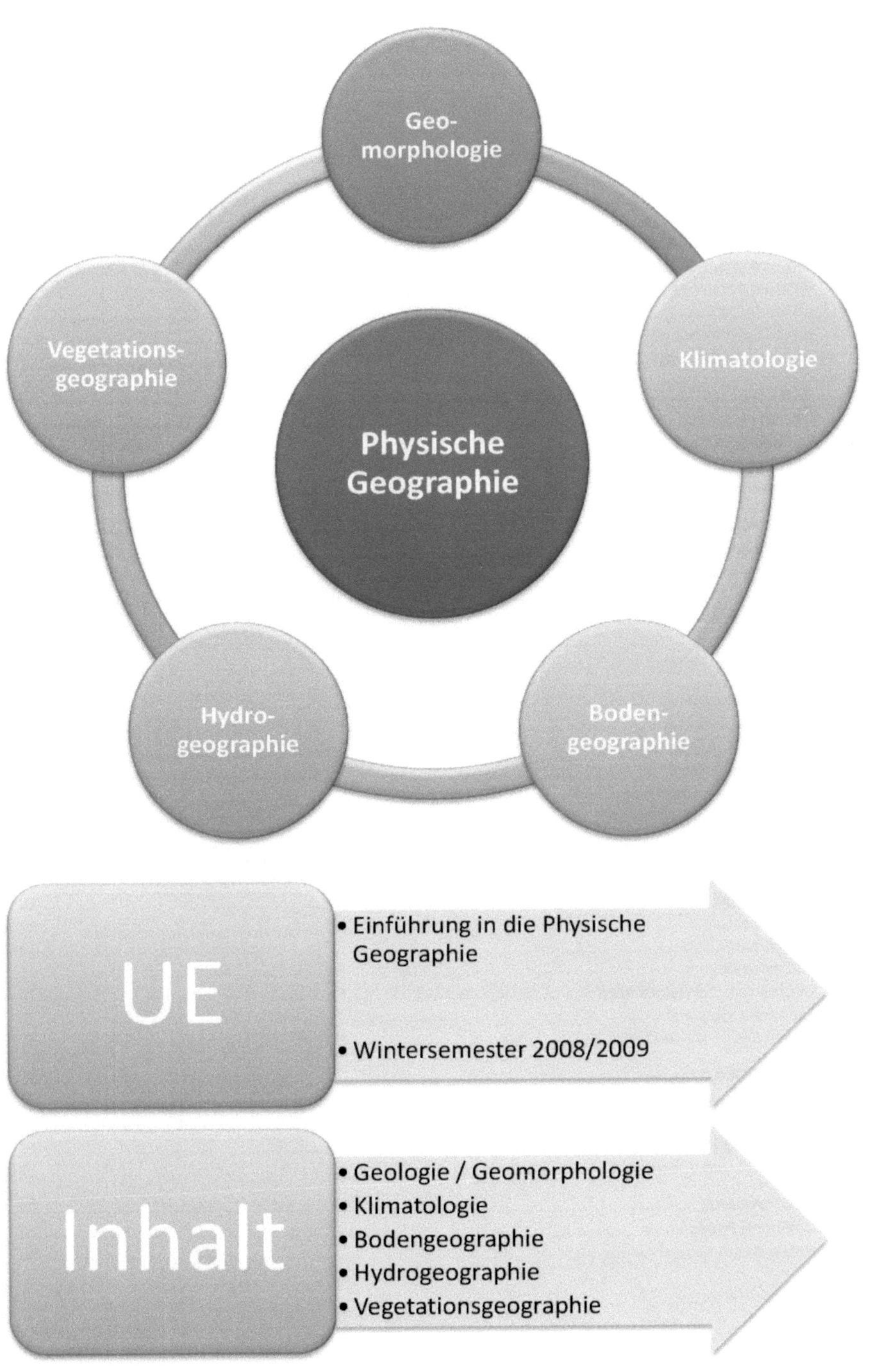

Geo-
morphologie
Vegetations-
geographie
Klimatologie
Physische
Geographie
Hydro-
geographie
Boden-
geographie
UE
• Einführung in die Physische Geographie
• Wintersemester 2008/2009
Inhalt
• Geologie / Geomorphologie
• Klimatologie
• Bodengeographie
• Hydrogeographie
• Vegetationsgeographie

Inhaltsverzeichnis

Literatur

Grotzinger, J., Jordan, T.H., Press, F. & Siever, R. 2007. AllgemeineGeologie. Springer.

I. Geologie / Geomorphologie

1 Einführung

1.1 Definition Geomorphologie

Geomorphologie

- Geomorphologie ist die Lehre der **Reliefformen** der Erde.
- Sie untersucht **Formen** und **formbildende Prozesse** der Oberfläche der Erde.

1.2 Reliefformen

- unterschiedlichen Größenordnungen (von Riesenformen, z.B. kanadisches Schild, bis zu Zwergformen, z.B. Karren)
- raum-zeitliche Dynamik:
    - besitzen Anfang, Existenzdauer und Ende
    - besitzen eine bestimmte Lage im Raum

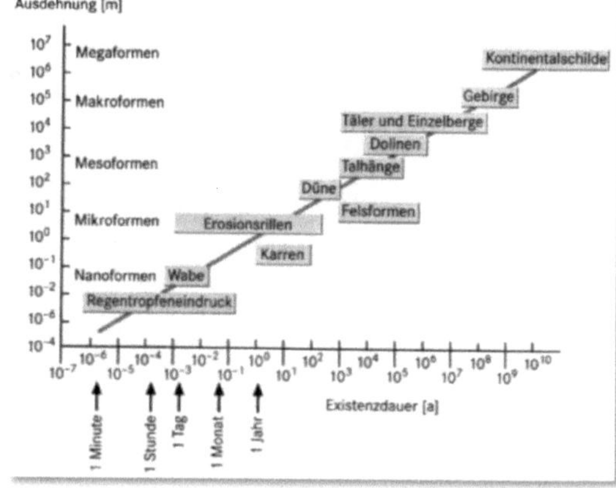

Quelle: Gebhardt et al. 2007

1.3 Forschungsansätze

- Allgemeine Geomorphologie
    - ⇨ untersucht die regelhafte Beziehung zwischen der Gestalt der Oberflächenformen, dem Material und den beteiligten Prozessen
- Regionale Geomorphologie
    - ⇨ Untersucht die Ausstattung an Oberflächenformen in individuellen Regionen sowie deren Entstehung (Genese)

Teildisziplinen:

- Morphographie
    - ⇨ Beobachtung und Beschreibung
- (Historisch-)genetische Morphologie
    - ⇨ untersucht die langzeitliche Entwicklung der heutigen Reliefformen
    - ⇨ Zeit dient der Einordnung erdgeschichtlicher Ereignisse und Epochen mit morphologischer Bedeutung (v.a. Tertiär und Qurtär)
- Funktionale Morphologie
    - ⇨ untersucht die Zusammenhänge zwischen dem Formeninventar und den formgebenden Prozessen und Faktoren
    - ⇨ Zeit als Bestandteil für die Kennzeichnung von Prozessen

1.4   Erdgeschichtliche Zeiteinteilung

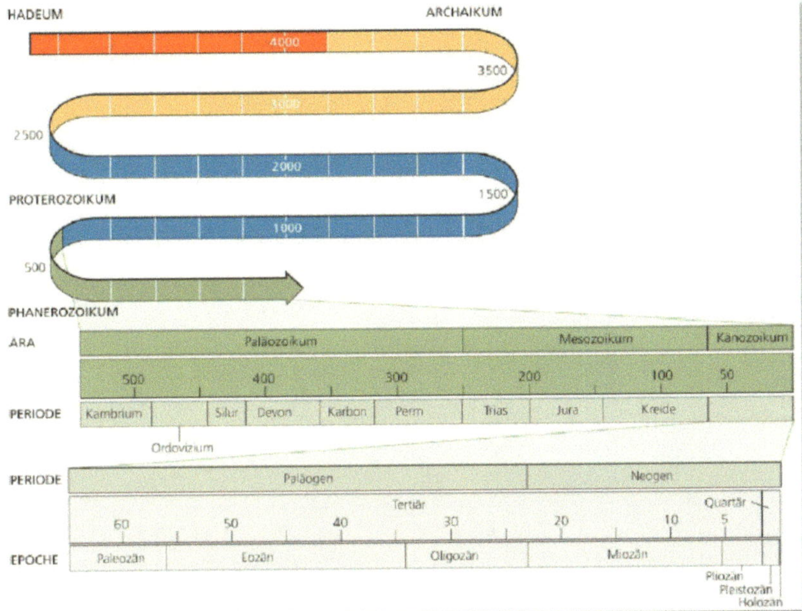

1.5   Methoden der Zeitbestimmung

1.5.1   Relative Datierung

- u.a. Stratigraphie
- hangendes (oben) ist jünger als liegendes (unten)

1.5.2   Absolute Datierung

- Dendrochronologie (Einordnung mit Hilfe von Baumringen)
- Varvenchronologie (Einordnung mit Hilfe von Bändertonen)
- **Radiometrische Datierung** (Einordnung mit Hilfe der Zerfallsrate radioaktiver Elemente)
  ⇨ C_{14}-Methode
- Magnetostratigraphie
  - beruht auf Wechsel der Ausrichtung des Magnetfeldes der Erde
  - eisenhaltige Minerale konservieren Magnetfeld zum Zeitpunkt der Abkühlung

  ⇨   Alter der Ozeanböden:

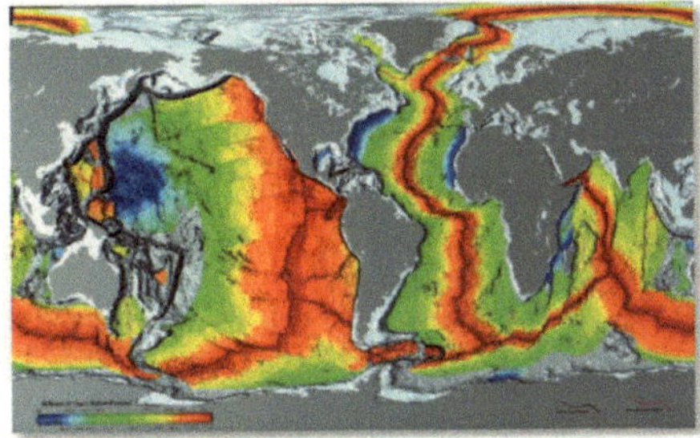

Quelle: http://de.academic.ru/pictures/dewiki/69/
Earth_seafloor_crust_age_1996.gif

1.6 Landschaftsformende Prozesse

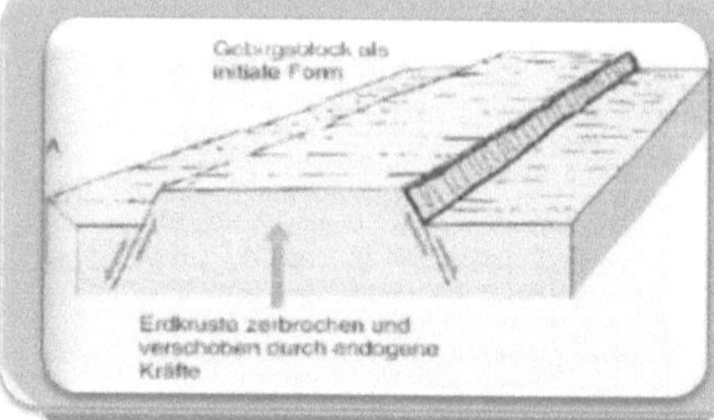

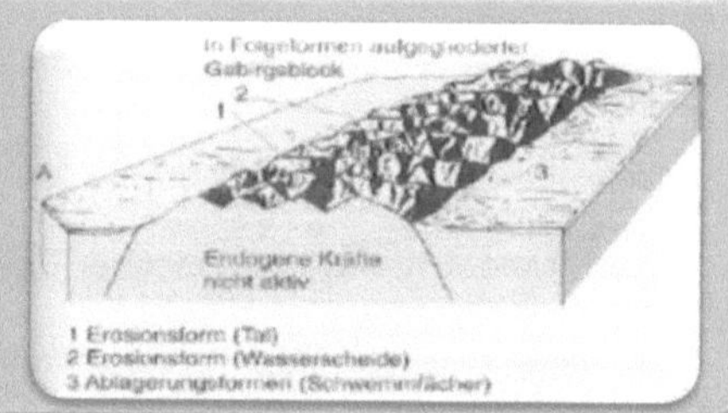

Endogene Prozesse

- reliefbildend
- haben ihren Ursprung im Inneren der Erde
- werden durch **vulkanische** oder **tektonische** Prozesse an der Oberfläche wirksam

Exogene Prozesse

- formbildend
- auf die Erdoberfläche einwirkende Kräfte der Atmosphäre und Hydrosphäre
- werden durch fluviale, äolische, glaziale etc. Formung an der Oberfläche wirksam

1.7 Schalenbau der Erde

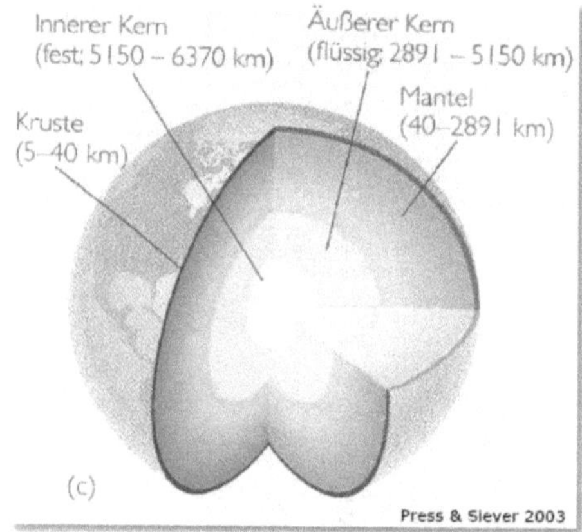

- **Kruste**
  - 5-80 km mächtig
  - besteht vorwiegend aus festen magmatischen und metamorphen Gesteinen
  - schwimmt auf dem Mantel
- **Mantel**
  - ca. 2900km mächtige Schale aus mineralischen Substanzen (v.a. mafische Silikate (Mg, Fe, Si)
  - wichtigstes Mineral z.B. Olivin
  - oberer Teil fest, sonst plastisch
- **Kern**
  - innen fest, außen flüssig
  - besteht v.a. aus Eisen und etwas Nickel

2   Minerale

- Gesamterde/Erdkruste sind zum Großteil aus nur wenigen Elementen zusammengesetzt
  ⇨ 90% der Erde bestehen aus Fe, O, Si, Mg
- Elemente schließen sich zu **Mineralen** zusammen
- man kennt etwa 2.000 Mineralarten, von denen aber nur ca. 50 gesteinsbildend auftreten
  ⇨ die wichtigsten gesteinsbildenden Minerale sind **Silikate**

2.1   Übersicht

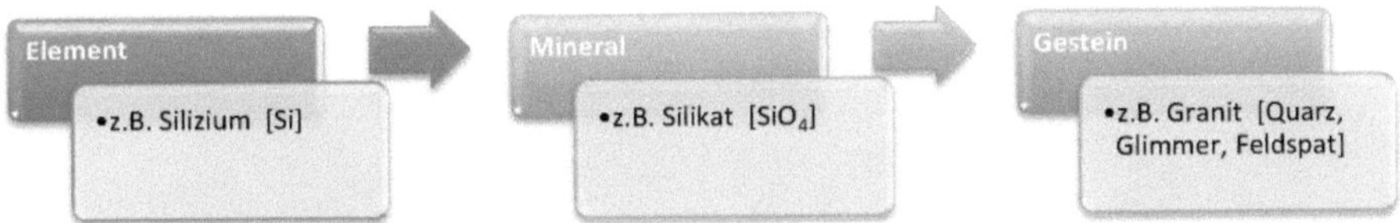

2.2   Definition Mineral

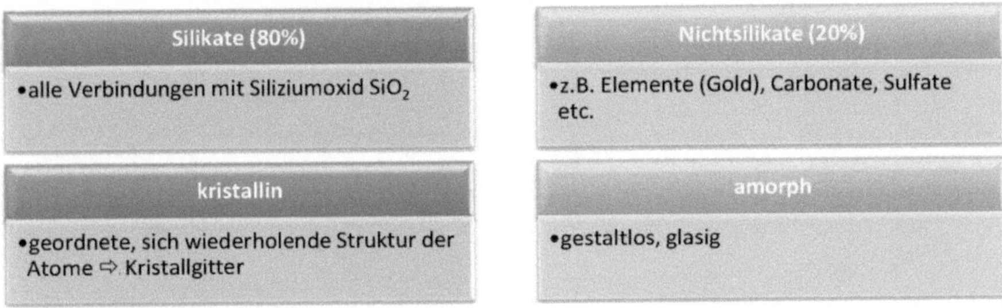

⇨   Ein Mineral ist eine feste chemische Verbindung von bestimmten Elementen

<table>
<tr><td>

Silikate (80%)

•alle Verbindungen mit Siliziumoxid SiO_2

</td><td>

Nichtsilikate (20%)

•z.B. Elemente (Gold), Carbonate, Sulfate etc.

</td></tr>
<tr><td>

kristallin

•geordnete, sich wiederholende Struktur der Atome ⇨ Kristallgitter

</td><td>

amorph

•gestaltlos, glasig

</td></tr>
</table>

2.3   Wichtige Minerale

- **Silikate [SiO₄]**
  - sind aufgebaut aus Silizium und Sauerstoff (2 häufigste Elemente der Erdkruste)
  - Bsp.: Quarz
  - neben primären Silikaten gibt es auch sekundäre Silikate, die durch Verwitterung entstehen:
    ⇨ Schicht-Silikate
    - Zweitonschichtminerale (Bsp.: Kaolinit)
    - Dreitonschichtminerale (Bsp.: Illit)
- **Karbonate**
  - Verbindung von Kalzium oder Magnesium mit Kohlenstoff und Sauerstoff
  - Bsp.: Calcit
- **Oxide**
- **Sulfide**
- **Sulfate**

2.4   Eigenschaften

- Härte (vgl. Mohn'sche Härteskala mit 10 Stufen von Talk bis Diamant)
- Farbe
- Dichte/Gewicht
- Spaltbarkeit
- Glanz
- Stichfarbe
- Kristallform

3 Gesteine

3.1 Definition Gestein

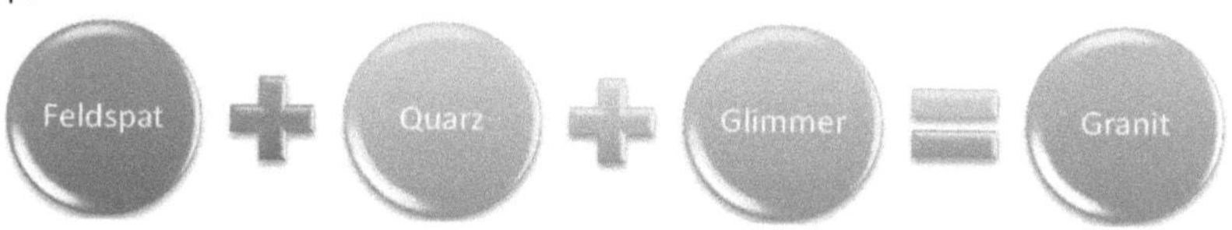

Gesteine entstehen durch das Zusammenfügen mehrerer Minerale,
Bsp.:

3.2 Gesteinsarten

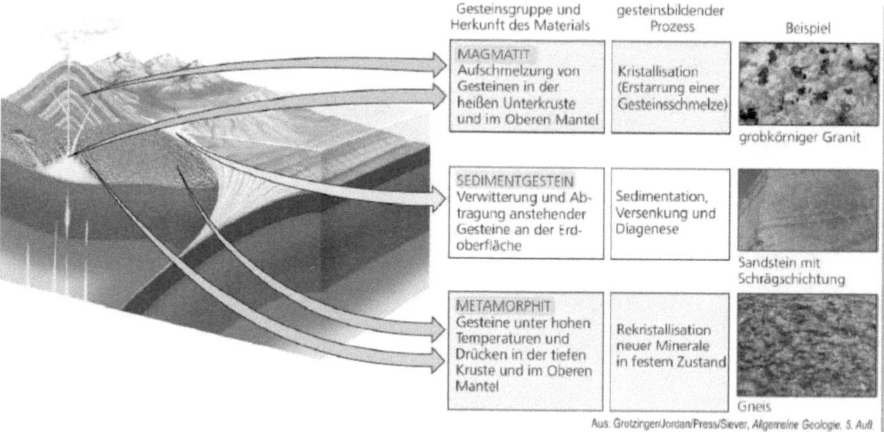

3.2.1 Magmatit

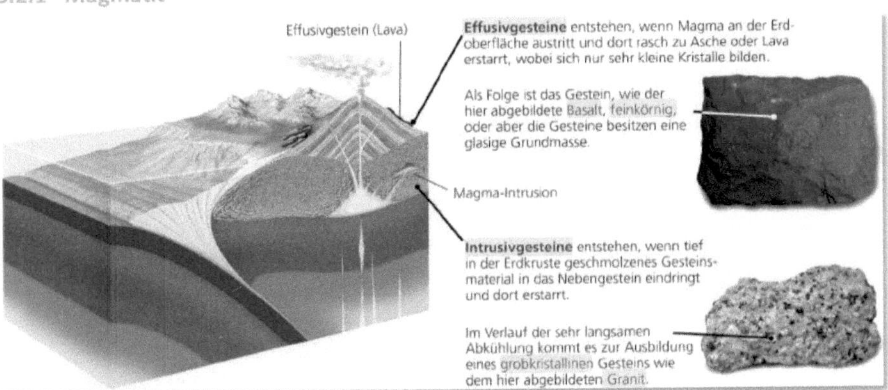

Quelle: Grotzinger et al. 2008

3.2.1.1 Einteilung nach Entstehungsort

Vulkanite (Ergussgestein)	Plutonite (Tiefengestein)
• Effusivgestein • feinkörnig • Bsp.: Rhyolith	• Intrusivgestein • grobkörnig • Bsp.: Granit

3.2.1.2 Einteilung nach chemischer Zusammensetzung

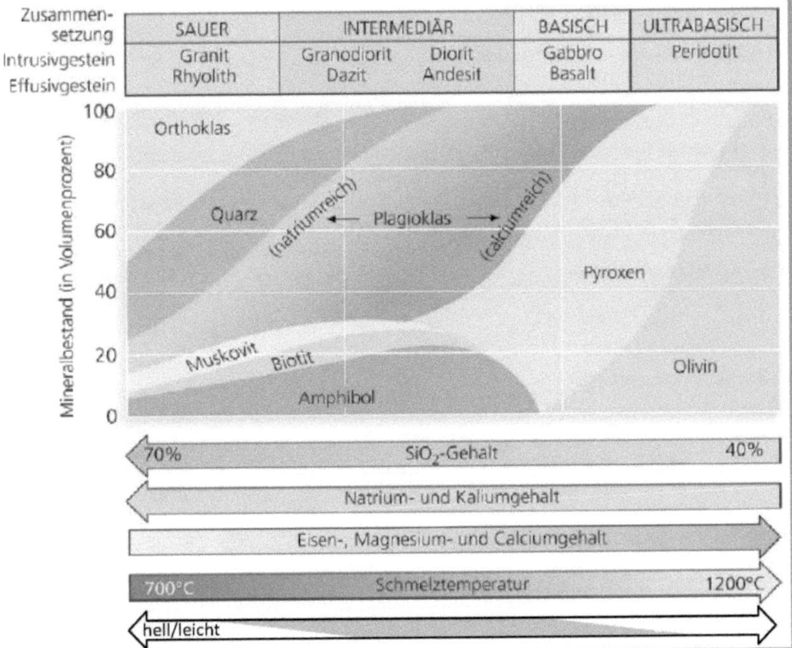

Quelle: Grotzinger et al. 2008

3.2.2 Sedimentgestein

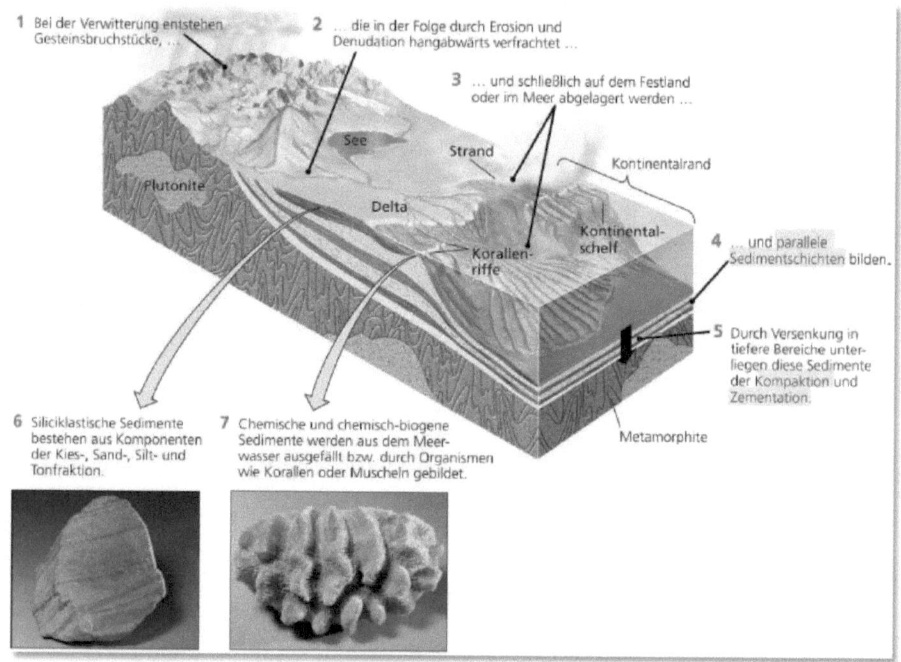

⇨ Kennzeichen von Sedimentgesteinen: **Schichtung**

Quelle: Grotzinger et al. 2008

klastische Sedimentgesteine	nichtklastische Sedimentgesteine
• entstehen durch **Diagenese** (Verfestigung von lockeren Sedimenten zu Sedimentgestein durch Druck und Temperatur) • Bsp.: Sandstein • werden nach **Korngröße** unterschieden: • Tonstein • Schluffstein • Sandstein • Konglomerat (Grobpartikel, gerundet) • Breccie (Grobpartikel, kantig)	• sind chemische/biogene Sedimente die aus Lösung ausgefällt sind • chemische Sedimente (z.B. **Kalkstein**, Steinsalz) • biogene Sedimente (unter Mitwirkung von Organismen geschaffen, z.B. Riffkalk, Kohle)

3.2.3   Metamorphit

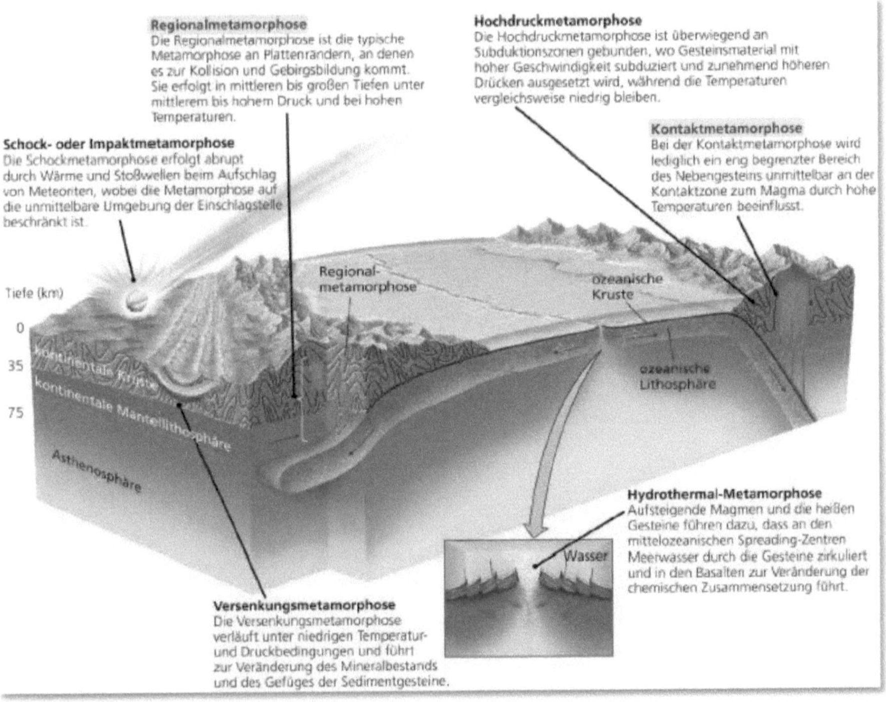

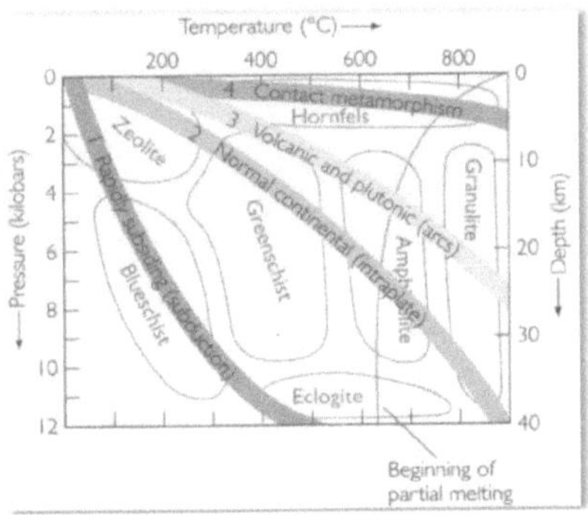

Quelle: Grotzinger et al. 2008

3.2.3.1   Metamorphosearten

Regionalmetamorphose	Kontaktmetamorphose
• bei Gebirgsbildung, Plattentektonik (Druck, Temperatur) • Bsp.: Gneis	• eng begrenzter Bereich an der Kontaktzone zu Magma (Temperatur) • Bsp.: Marmor

3.2.3.2   Einteilung der Metamorphite

- Art der Schieferung
- Kristallgröße
- Metamorphosegrad
- Temperatur- und/oder Druckbereiche der Gesteinsbildung
- Ursprungsgestein:
  - Paragestein
    - ⇨ aus Sedimentgestein
  - Orthogestein
    - ⇨ aus magmatischem Gestein

Quelle: http://web.arc.losrios.edu/~borougt/
FaciesTempPress2.jpg

3.3   Kreislauf der Gesteine

Magmatite, Sedimentgestein, und Metamorphite stehen zueinander in Beziehung:

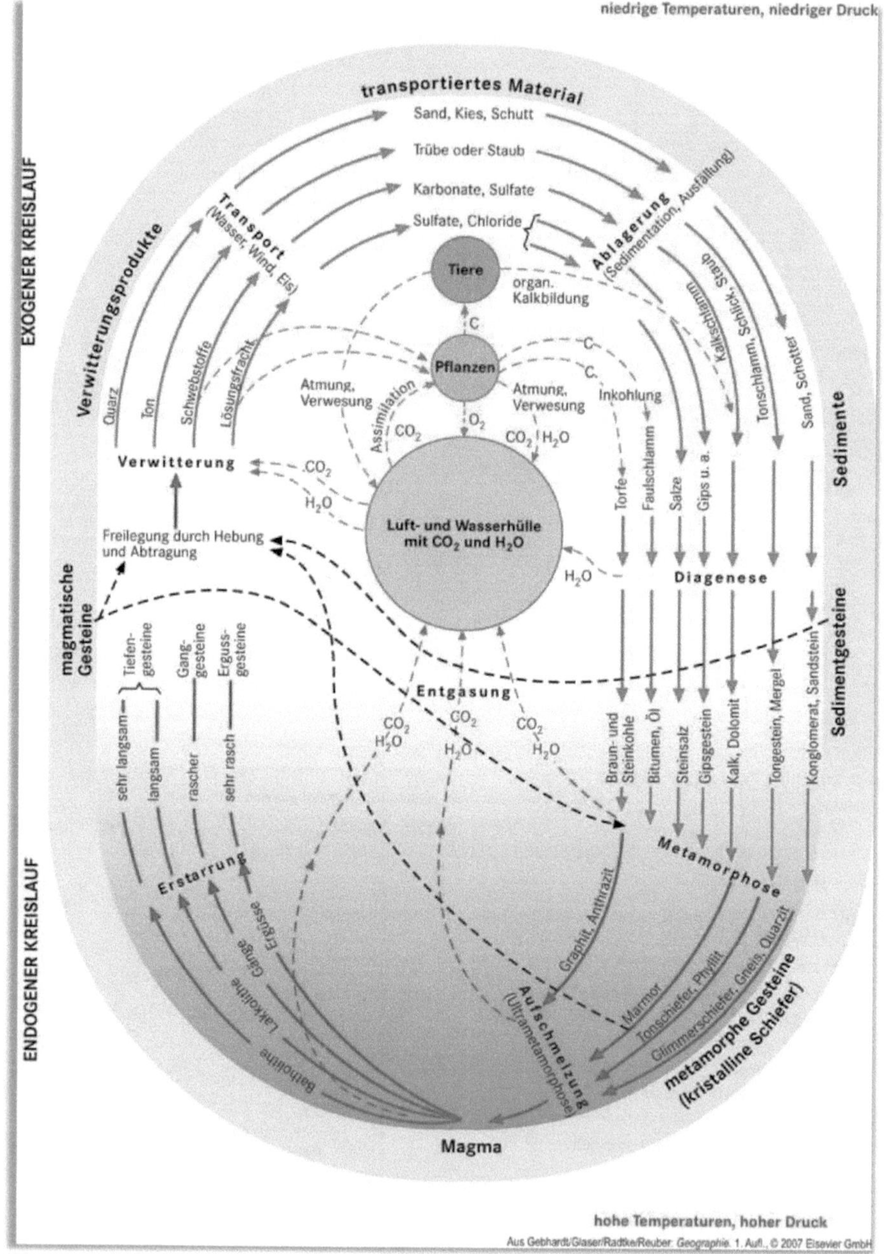

4 Verwitterung

4.1 Definition Verwitterung

Verwitterung
• Verwitterung ist die Einwirkung atmosphärischer Prozesse, durch die Gesteine zerstört bzw. verändert werden und so der Abtragung bereitgestellt werden. • Dabei sind chemische, physikalische und biologische Prozesse beteiligt.

4.2 Arten der Verwitterung

4.2.1 Physikalische Verwitterung

⇨ mechanische Auflockerung und Zerkleinerung des Festgesteins, z.B.

Druckentlastung
- Abtrag von Aufliegenden Gesteinsmassen ⇨ Entlastung ⇨ Lockerung des Verbandes
  - Exfoliation (Abschalung, s. Abb.)
  - Desquamation (Abschuppung)

Temperatursprengung (= Insolationsverwitterung)
- häufige Temperaturänderungen ⇨ Expansion und Kontraktion des Gesteins
  - Exfolation (Abschalung)
  - Kernsprünge (s. Abb.)
- v.a. in Trockengebieten

Frost- und Eissprengung
- Wasser dringt ins Gestein ein, gefriert und dehnt sich aus (10%)
- Druck entsteht, der das Gestein zerstört
- v.a. in Regionen mit häufigen Frostwechseln

Salzsprengung
- im Wasser gelöste Minerale kristallisieren bei Verdunstung in Klüften
- der entstehende Druck zerstört das Gestein
- v.a. in Regionen mit ausgeprägter Trockenzeit

Wurzelsprengung
- mechanische Belastung durch das Eindringen und Wachsen von Pflanzenwurzeln in Klüften

⇨ die physikalische Verwitterung vergrößert durch den mechanischen Zerfall die Angriffsfläche für die chemische Verwitterung, ist also der Wegbereiter für die chemische Verwitterung

4.2.2   Chemische Verwitterung

⇨ chemische Veränderung bis hin zur vollständigen Lösung der Minerale im Gestein, z.B.

Hydration

- Übergangsbereich von chem. und phys. Verwitterung
- Anlagerung von Wassermolekülen an Kationen im Kristallgitter
- Hydrathülle ⇨ neue Mineralform ⇨ Volumenzunahme ⇨ Druck
- Bsp.: Übergang von Anhydrit (wasserfreies Sulfat) zu Gips (wasserhaltiges Sulfat)

Lösungsverwitterung

- v.a. Salz- und Karbonatgestein
- Lösung von Mineralien durch Wasser
- Entstehung von Hohlräumen

Kohlensäureverwitterung

- Sonderform der Lösungsverwitterung, v.a. bei Kalkstein und Dolomit
- Wasser alleine wäre nicht fähig zur Lösung, aber durch das CO_2 in der Luft und im Boden entsteht eine schwache **Kohlensäure**
- Kohlensäure löst Kalzium aus dem Gestein
  ⇨ kann z.B. bei Temperaturänderung wieder ausgefällt werden

Hydrolyse

- Reaktion von Mineralbestandteilen mit H^+ und OH^--Ionen
- Kationen des Gesteins werden durch die H^+-Ionen gelöst
  ⇨ Schwächung des Grundgerüstes ⇨ Zerfall
- je feuchter, wärmer und niedriger der pH-Wert, desto intensiver die Hydrolyse

Oxidation

- Verwitterung der Eisensilikate durch Oxidation des Eisens
- Rot- und Braunfärbung ("Rost")

Komplexierung

- Lösung und anschließende Bildung von Metallionen an organische Substanz (Huminsäuren)
- metalloragnische Komplexe

• • •

4.3 Verwitterungsintensität

Die Verwitterungsintensität ist abhängig
- von der Verwitterungsstabilität
- vom Gefüge
  Bsp.: Basalt verwittert schneller chemisch, Granit schneller physikalisch
- vom Klima und damit zusammenhängend von der Vegetation

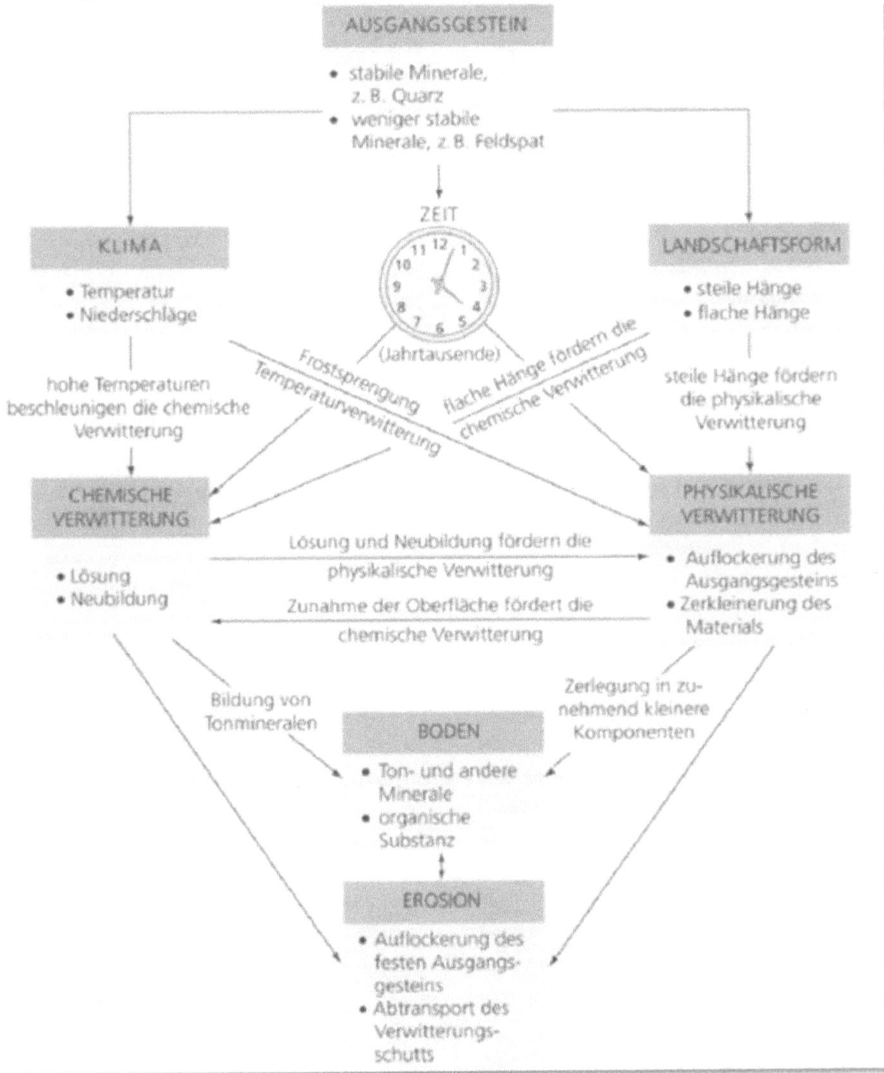

5   Plattentektonik

5.1   Definition Plattentektonik

> **Plattentektonik**
>
> • Unter Plattentektonik versteht man die Theorie der lithosphärischen Platten, ihrer relativen Bewegung und der an der Grenze stattfindenden Prozesse (vgl. Strahler / Strahler, 2005).

5.2   Grundlagen

5.2.1   Erdkruste

- äußerste Schicht der Erde
- 5-65km dick
- besteht vorwiegend aus magmatischem und metamorphem Gestein
- Unterscheidung:
  - **ozeanische Kruste**
    - ⇨ ~ 5km, basisch, dichter (schwerer)
  - **kontinentale Kruste**
    - ⇨ bis 65km, sauer, weniger dicht (leichter)

5.2.2   Lithosphäre

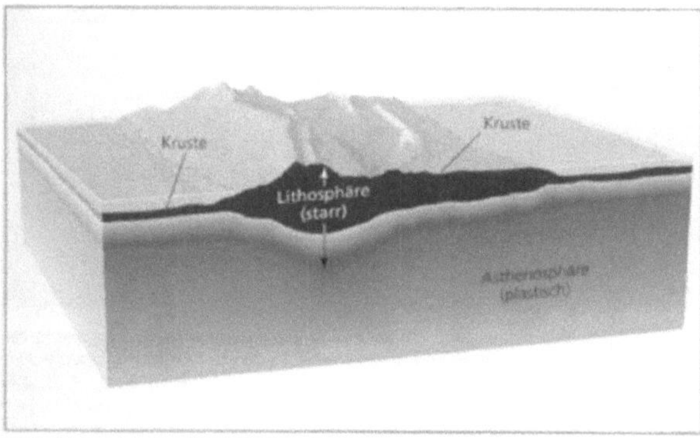

Abb. 1.11   Die äußerste Schale der Erde ist die Lithosphäre, eine starre, feste Schicht, die aus der Kruste und den äußeren Bereichen des Mantels besteht. Die Lithosphäre schwimmt auf dem plastischen, teilweise geschmolzenen Bereich des Erdmantels, der Asthenosphäre genannt wird. Die Mächtigkeit der einzelnen Schichten ist nicht maßstäblich dargestellt. Die mittlere Meerestiefe und die Mächtigkeit der ozeanischen Kruste beträgt jeweils etwa 5 000 m. Die kontinentale Kruste ist zwischen 40 und 60 km dick, die Lithosphäre reicht von etwa 100 bis in mindestens 200 km Tiefe.

Quelle: Grotzinger et al. 2008

- besteht sowohl aus **Kruste**, als auch aus dem oberen, **festen Teil des Erdmantels**
- enthält die leichteren (sauren) Kontinente
- kann bis zu 300km dick sein

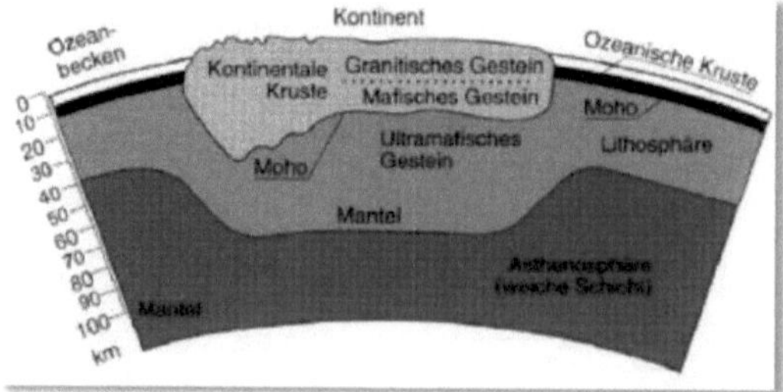

- ist in unterschiedliche Lithosphärenplatten zerbrochen, die sich unabhängig voneinander auf der Asthenosphäre bewegen
  - ⇨ **Isostasie**

5.2.2.1 Isostasie

- „Schwimmen" der Lithosphäre auf der Asthenosphäre:
  da kontinentale Lithosphäre dicker und leichter ist als die ozeanische Lithosphäre, ragt sie höher über die Asthenosphäre heraus (vgl. Eisberg im Wasser)
  ⇨ kontinentale Lithosphäre bildet Kontinente
  ⇨ ozeanische Lithosphäre bildet Ozeanböden
- durch Kontinent-Kontinent-Kollisionen wird die Lithosphäre durch Überschiebung zusätzlich verdickt und ragt somit noch höher heraus
  ⇨ Gebirge

5.2.2.2 Bewegung der Lithosphärenplatten

Lithosphärenplatten der Erde:

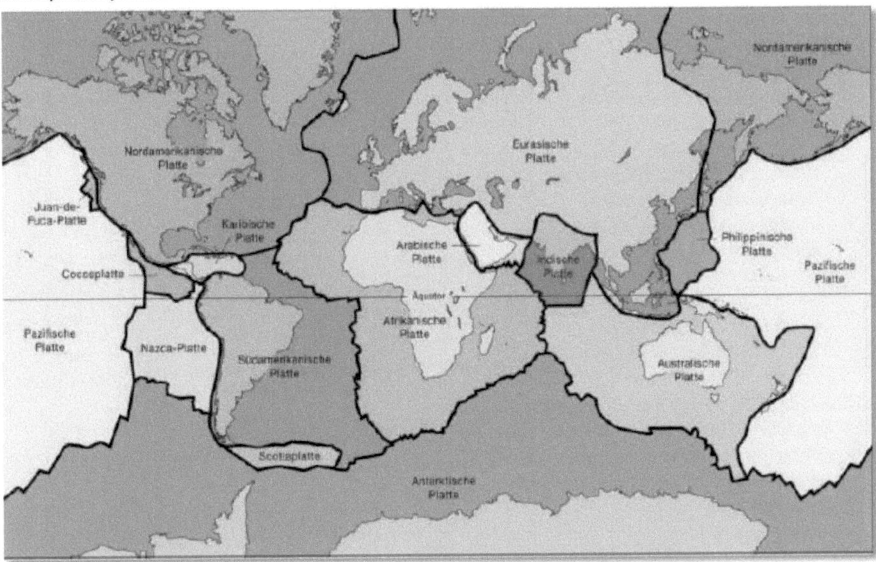

Quelle: https://de.wikipedia.org/wiki/Nordamerikanische_Platte#/media/File:Tektonische_Platten.png

- durch **Konvektionsströme** in der Asthenosphäre werden die Platten und somit auch die Kontinente bewegt
  ⇨ Motor der Plattentektonik
- Geschwindigkeit: wenige cm/Jahr

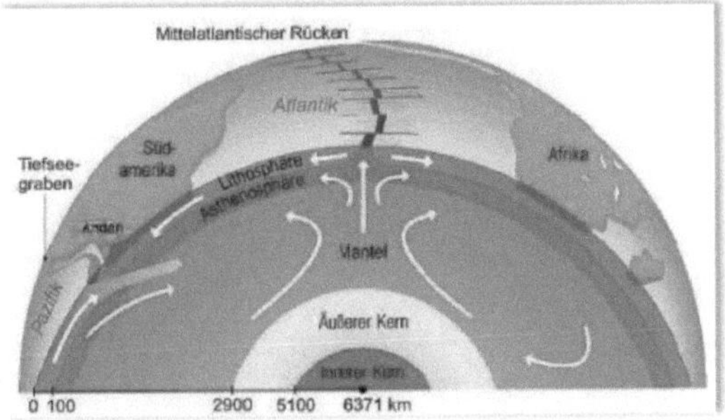

Quelle: http://www.dr-rudolf-mauer.de/var/drmauer/storage/images/
media/images/geothermie/bewegungsrichtung-grossraumiger-
waermestroeme-konvektionsstroeme/1208-1-ger-DE/
Bewegungsrichtung-grossraeumiger-Waermestroeme-
Konvektionsstroeme_zoomer.jpg

5.3 Plattenbewegung

5.3.1 Geotektonische Hypothesen

- **Kontraktionshypothese**
  ⇨ durch Abkühlungsprozesse im Erdinneren
  ⇨ widerlegt!
- **Geosynklinalhypothese**
  ⇨ Sedimentlagen in Senken ⇨ Einengung ⇨ Faltung & Kluftenbildung
  ⇨ widerlegt!
- **Kontinentalverschiebungstheorie**
  (nach Alfred Wegener)
  ⇨ Vorläufer der modernen
  Plattentektonik
- **Plattentektonik** durch „sea-floor-
  spreading"
  - Kontinente verschieben sich
    nicht direkt, sondern mit
    Lithosphärenplatten
  - Lithosphärenplatten umfassen
    Ozeanböden
  - an mittelozeanischen Rücken
    wird durch sea-floor-spreading
    ozeanische Kruste gebildet, die
    an den Subduktionszonen
    wieder verschwindet

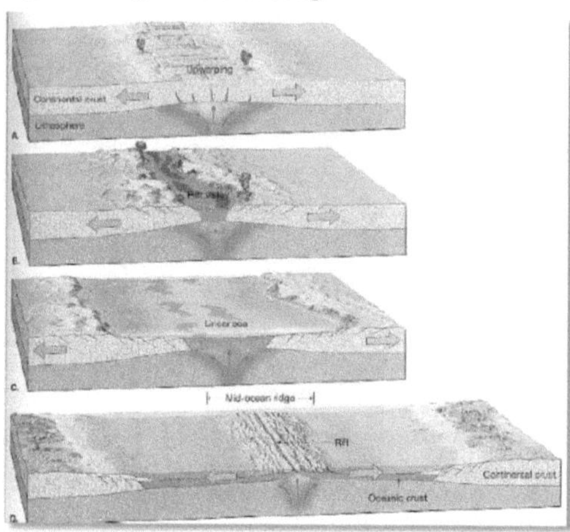

Quelle: http://cosscience1.pbworks.com/f/1248192671/
Module10-009.gif

5.3.2 Typen der Plattengrenzen

- **Divergente Plattengrenze (Divergenz)**
  ⇨ konstruktiv (Material wird gebildet)
- **Konvergente Plattengrenze (Konvergenz)**
  ⇨ destruktiv (Material wird umgewandelt)
- **Transformstörung**
  ⇨ konservativ (Material wird weder gebildet noch vernichtet)

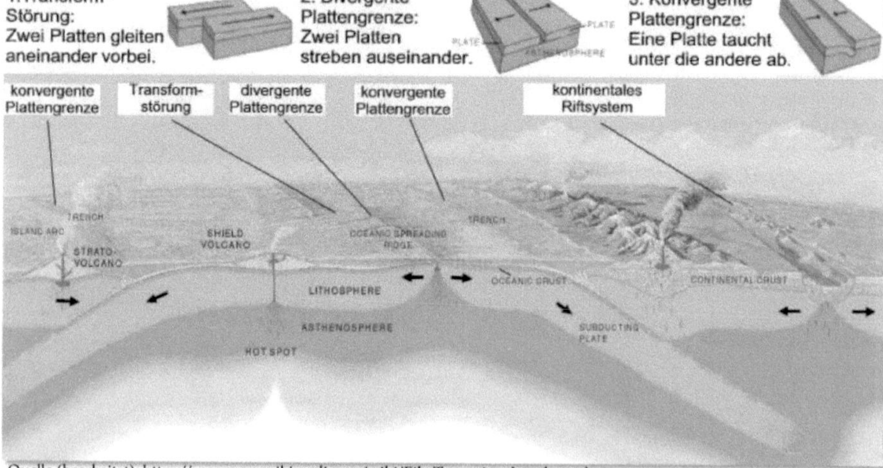

Quelle (bearbeitet): https://commons.wikimedia.org/wiki/File:Tectonic_plate_boundaries.png

5.3.2.1 Divergente Plattengrenzen

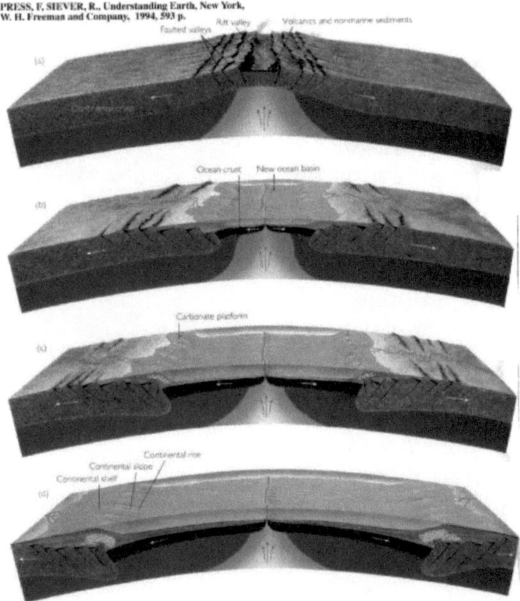

PRESS, F, SIEVER, R., Understanding Earth, New York, W. H. Freeman and Company, 1994, 593 p.

- konstruktiv, da neuer Boden entsteht
- meist in Form eines mittelozeanischen Rückens
- verbunden mit Erdbeben und Vulkanismus
  ⇨ Magma füllt den neuentstandenen Raum aus
- sowohl im Ozean (z.B. Atlantik) als auch auf Kontinent (z.B. Rift-Valley in Ostafrika)

5.3.2.2 Konvergente Plattenbewegung

- destruktiv: Krustenmaterial wird „recycled"
- drei Möglichkeiten:

a) **Ozean-Kontinent-Kollision**
   ⇨ Subduktion der ozean. Kruste unter die kontinent. Kruste
   ⇨ Tiefseerinnen, Vulkangürteln, Plutone, Erdbeben

b) **Ozean-Ozean-Kollision**
   ⇨ Subduktion
   ⇨ Tiefseerinnen, vulk. Inselbögen, Erdbeben

c) **Kontinent-Kontinent-Kollision**
   ⇨ Aufschiebung, Überschiebung, Faltung
   ⇨ Verdickung d. kont. Kruste, isostat. Hebung, Gebirgsbildung

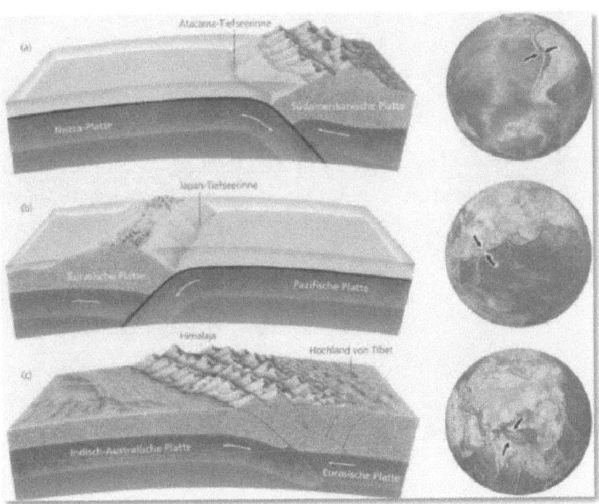

Quelle: Press et al. 1995

5.3.2.3 Transformstörung

- zwei Lithosphärenplatten gleiten aneinander vorbei
- konservative Plattengrenze:
  ⇨ es wird weder Material gebildet noch zerstört
- beim Aneinandergleiten „verhaken" sich die Platten
  ⇨ Lösen dieser Spannungen führt zu **Erdbeben**
- Bsp.: San-Andreas-Störung

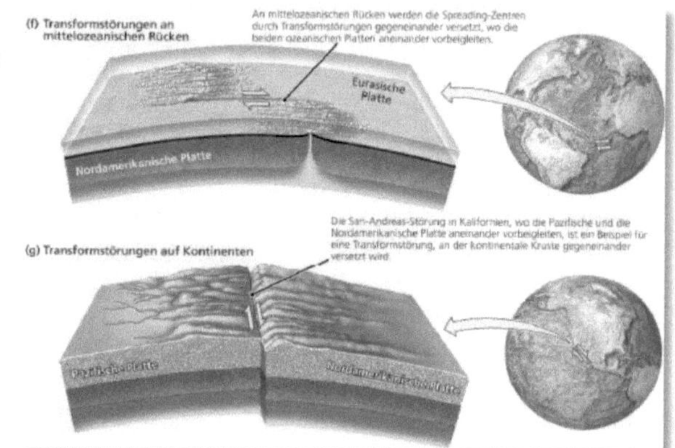

Quelle: Grotzinger et al. 2008

5.4 Folgen der Plattentektonik

- Plattengrenzen als **Erdbebenzentren**:

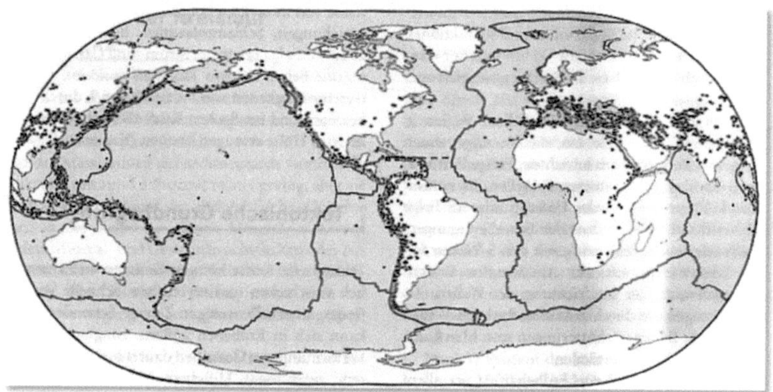

- **Vulkanismus** ist eng mit plattentektonischen Vorgängen verknüpft:

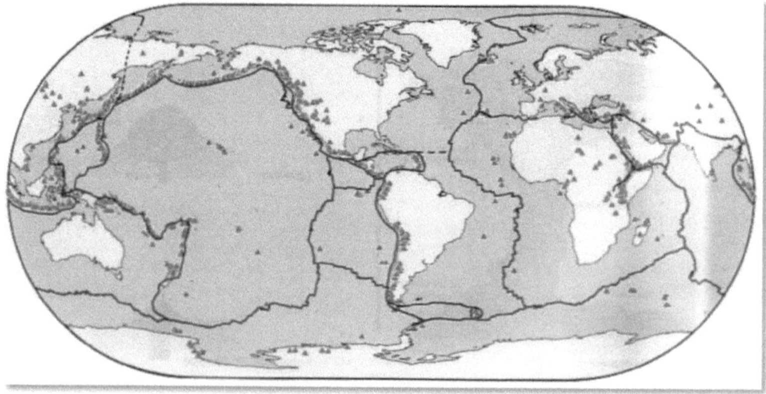

6   Vulkanismus

6.1   Definition Vulkanismus

Vulkanismus

- Unter Vulkanismus versteht man jene Vorgänge, die mit dem Aufdringen von Magma in die obersten Partien der Erdkruste und dem Austritt von Lava und Gasen an der Erdoberfläche verbunden sind.

⇨ Vulkanismus ist eng mit plattentektonischen Vorgängen verknüpft:

- 80% der aktiven Vulkane an konvergierenden Plattengrenzen
- 15% der aktiven Vulkane an divergierenden Plattengrenzen
- 5% der aktiven Vulkane: Intraplattenvulkanismus

6.2   Arten des Vulkanismus

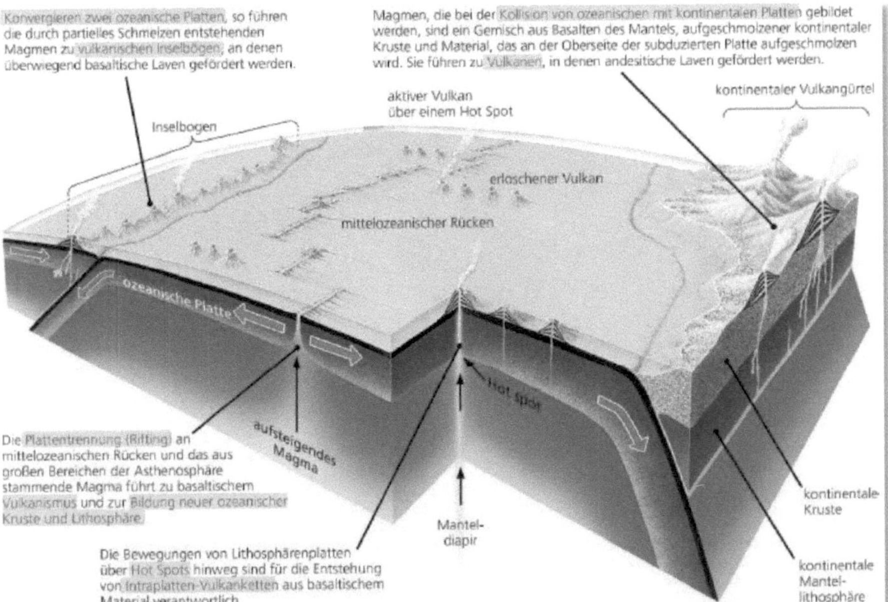

Quelle: Grotzinger et al. 2008

- Ozean-Kontinent-Kollision, z.B. Anden
- Ozean-Ozean-Kollision, z.B. Inselgruppe und Tiefseegraben
- Mittelozeanischer Rücken
- Hot-Spot-Vulkanismus
    - Bewegung einer Lithosphäreplatte über einen lagestabilen Hot-Spot im Erdmantel (= Intraplatten-Vulkanismus), z.B. Hawaii
    - je weiter ein Vulkan vom Hot-Spot weg ist, desto älter ist der Vulkan

6.3   Ablauf eines Vulkanausbruchs

1. Magmakammer füllt sich
2. Magmakammer entleert sich
   ⇨ Vulkanausbruch
3. Magmakammer ist leer
   ⇨ Einsturz, Bildung einer Caldera
4. Endstaduim: Caldera füllt sich mit Wasser;
   ⇨ es kann ein „kleiner" Vulkan nachwachsen

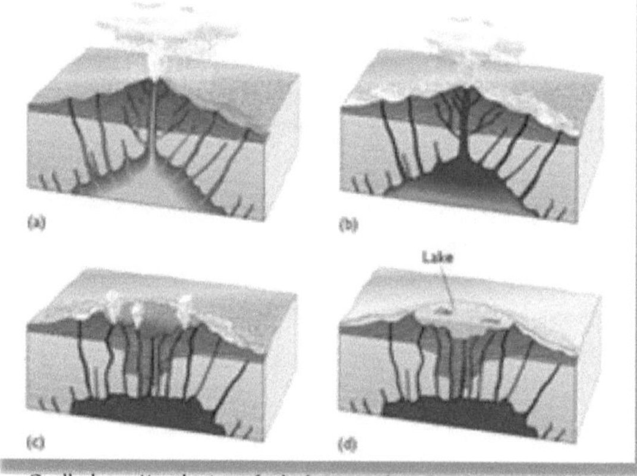

Quelle: https://earthsci.stanford.edu/research/mahood/images2/Slide38%5B1%5D.jpg

- Hauptlieferbereich von Magmen: im oberen Mantel (75-250km, ca. 1100°C)
- Lava: Gesteinsschmelze an der Erdoberfläche

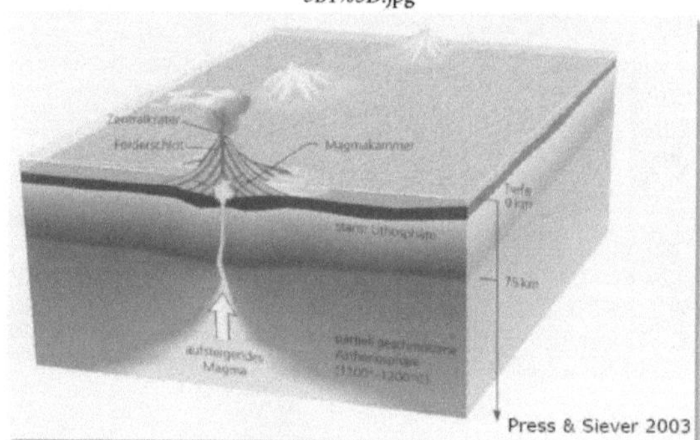

Press & Siever 2003

6.4   Lavatypen und Vulkanform

je nach Zusammensetzung, Gasgehalt und Temperatur entstehen unterschiedliche Vulkantypen:

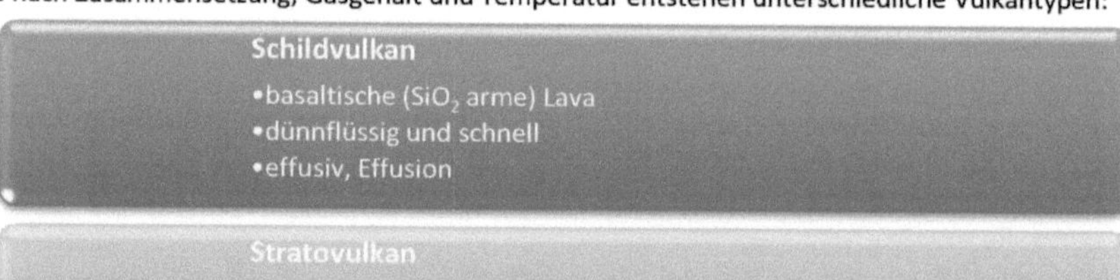

7 Plutonismus

7.1 Definition Plutonismus

Plutonismus

- Unter Plutonismus versteht man jenen geologischen Prozess, bei dem Magma in die Erdkruste eindringt und dort (langsam) erstarrt.
- Durch Hebung und/oder Erosion können solche Plutone (Intrusionen) freigelegt werden und dann an der Erdoberfläche anstehen.

7.2 Unterscheidung nach Größe und Lage

Batholit

- Intrusionen mit > 100km² Ausdehnung
- Bsp.: Sierra Nevada

Stock

- Intrusionen mit < 100 km² Ausdehnung
- Bsp.: Granitintrusion im Bayrischen Wald

Lagergang

- parallel zur Schichtung
- tafelförmige Intruslava

Gesteinsgang

- diskordant zur Schichtung

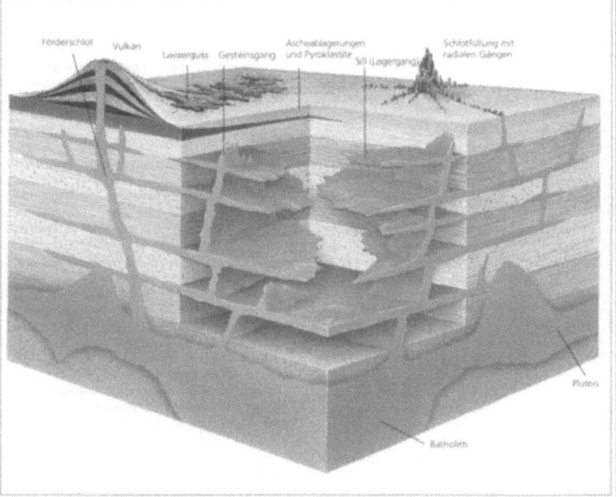

Abb. 4.13   Die wichtigsten Erscheinungsformen bei Effusiv- und Intrusivgesteinen. Man beachte, dass die Gesteinsgänge die Schichten des Nebengesteins durchschlagen, die Lager- gänge jedoch schichtparallel verlaufen. Batholithe sind die größten Intrusivgesteinskörper.

8 Orogenese

8.1 *Definition Orogenese*

> **Orogenese**
>
> •Als Orogenese wird der Prozess der Gebirgsbildung durch tektonische Vorgänge bezeichnet.

Man unterscheidet in

- andinische Gebirgsbildung
- alpidische Gebirgsbildung

8.1.1 Andinische Gebirgsbildung

- durch Subduktion (ozeanische Platte unter kontinentale Platte)
- Aufschmelzung
  ⇨ Vulkanismus
  ⇨ vulkanische Gebirge

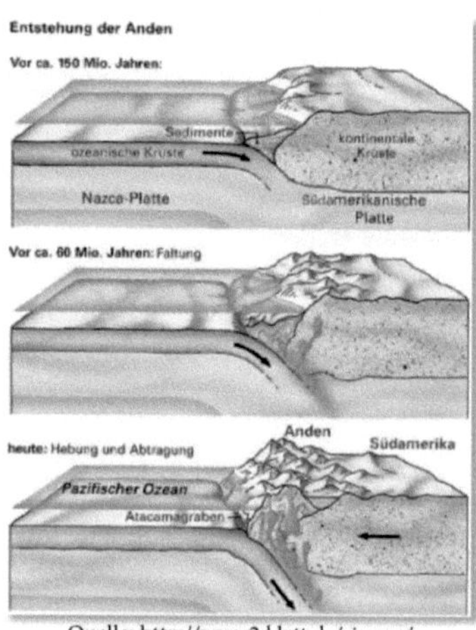

Quelle: http://www2.klett.de/sixcms/
media.php/76/andenentstehung.gif

8.1.2 Alpidische Gebirgsbildung

- durch Kollision zweier Kontinentplatten
  Bsp: Alpen (afrikanische und eurasische Platte); Himalaya (indische und eurasische Platte)
- Auf-, Überschiebung und Faltung
- keine Subduktion
  ⇨ kein Vulkanismus
- Verdickung der kontinentalen Kruste
  ⇨ isostatische Hebung

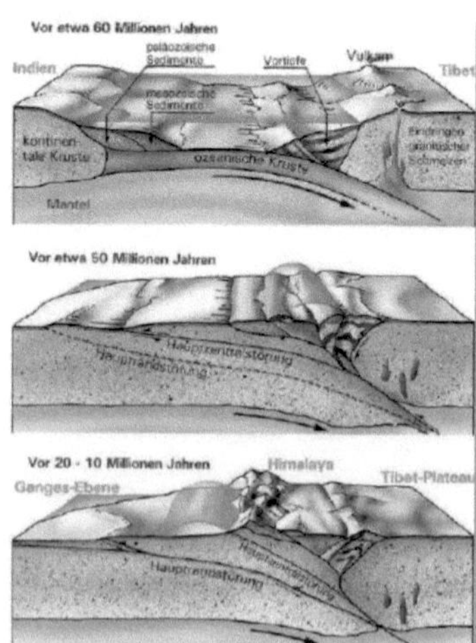

Quelle: http://www2.klett.de/sixcms/
media.php/76/himalaya00.jpg

8.2 Faltenbildung

- Falten bilden
  - **Antiklinalen** (Sättel) und
  - **Synklinalen** (Mulden)
- die ursprüngliche Struktur von Antiklinalen und Synklinalen muss nicht der tatsächlichen Struktur des Raumes entsprechen:

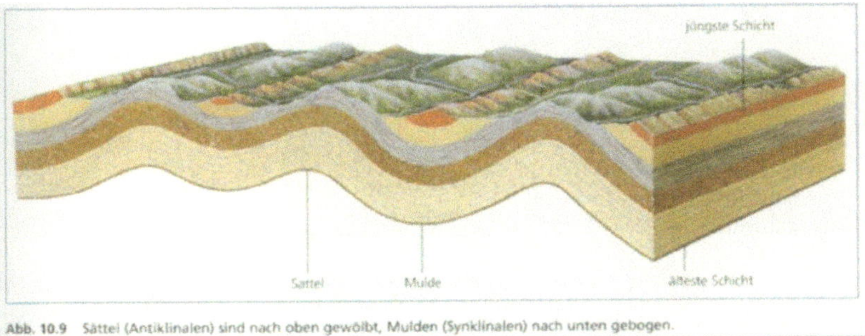

Abb. 10.9   Sättel (Antiklinalen) sind nach oben gewölbt, Mulden (Synklinalen) nach unten gebogen.

⇨ Synklinalen können durch Erosion aufgefüllt werden und Antiklinalen überragen

8.3 Formen

Sturkturform	Skulpturform
• geologisch gebildet • endogen	• durch Erosion gebildet • exogen

Sonderfall: Umlaufendes Streifen

⇨ Abtauchende Sättel und Mulden
⇨ Sättel und Mulden werden gekippt und von oben abgetragen
⇨ hufeisenförmige Anordnung der Schichten:

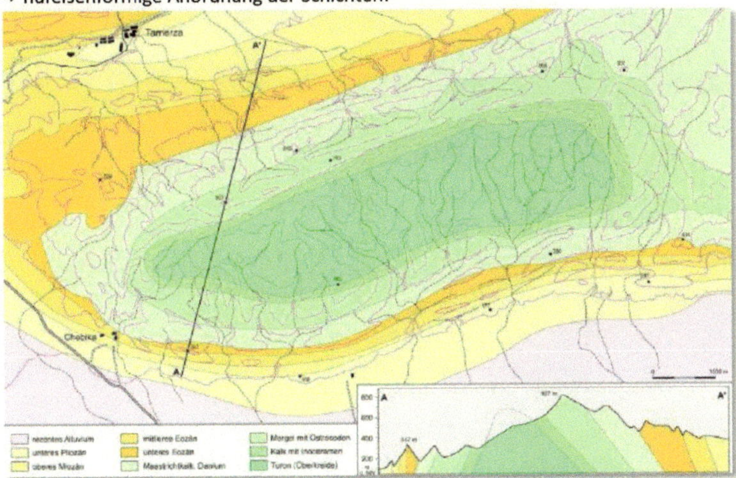

8.4 Block- und Bruchtektonik

8.4.1 Definition Block- und Bruchtektonik

Block- und Bruchtektonik

- Bei Block- und Bruchtektonik handelt es sich um Bewegungen von kleinräumigen Bruchschollen (nicht Lithosphärenplatten) aufgrund tektonischer Beanspruchung.
- Dies geschieht bei einem spröden Untergrund, welcher nicht gefaltet werden kann.

8.4.2 Grundformen

1. Abschiebung
2. Aufschiebung
3. Horizontal- oder Blattverschiebung
4. Schrägabschiebung

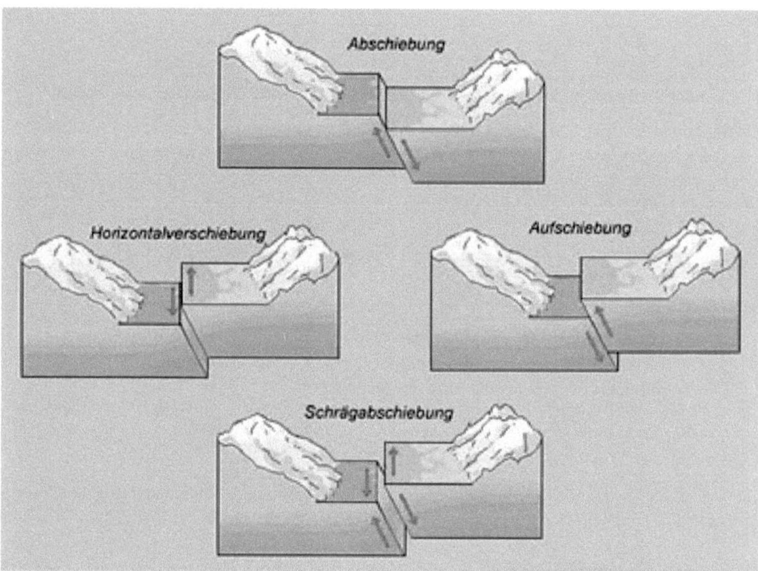

Quelle: http://www.scinexx.de/redaktion/focus/bild2/Gebirgsbil7g.jpg

8.4.3 Arten

1. **Horstscholle**
2. **Pultscholle** } entstehen bei Einengung der Platte
3. **Staffelbrüche**

→ ▬ ←

4. **Graben** } entsteht bei Ausweitung der Platte

← ▬ →

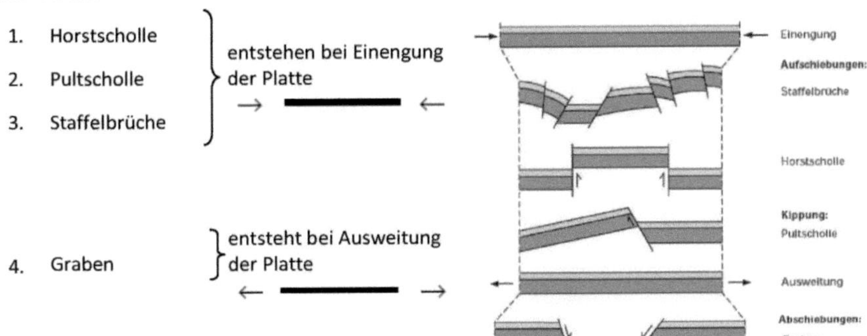

8.4.3.1 Horst- und Grabenstrukturen

Quelle: https://www.klett.de/sixcms/media.php/427/
thumbnails/formen_bruchtektonik.jpg.108715.jpg

- abgesunkene Bereiche
  ⇨ Graben
- gehobene Bereiche
  ⇨ Horste
- Bsp.: Basin & Range Province

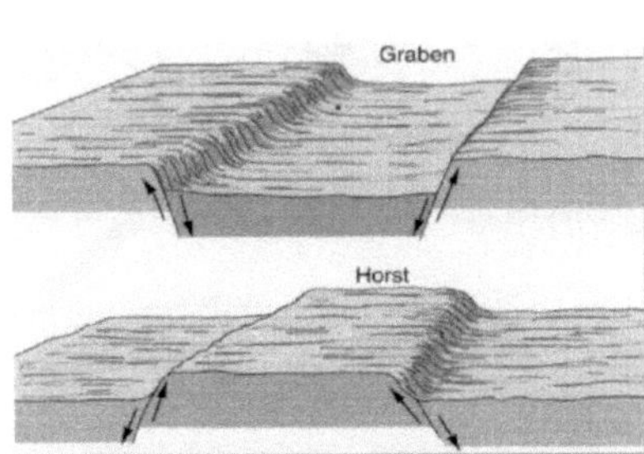

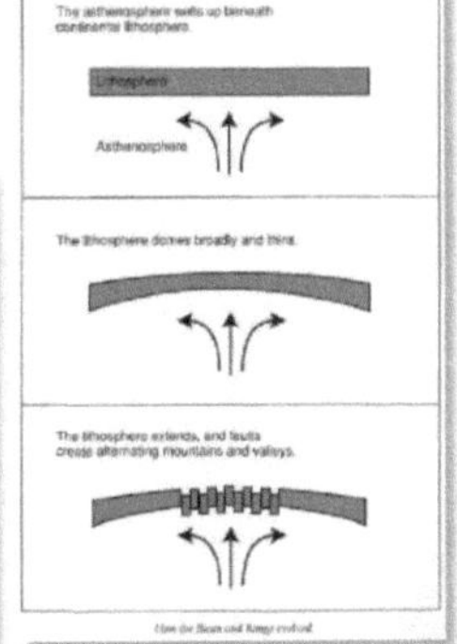

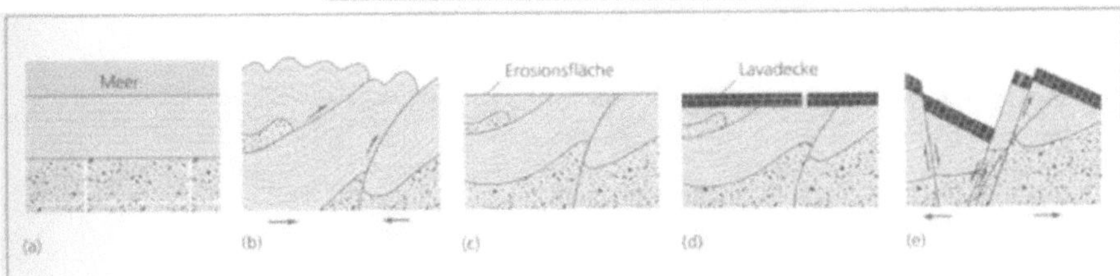

Abb. 10.27 Die verschiedenen Entwicklungsstadien der Basin-and-Range-Provinz in Nevada und Utah. (a) Am Meeresboden werden horizontal geschichtete Sedimente abgelagert. (b) Horizontale Einengung (angedeutet durch rote Pfeile) führt zu Faltung und Bruchtektonik. (c) Heraushebung über den Meeresspiegel führt zur Bildung einer neuen horizontalen Erosionsfläche. (d) Vulkanausbrüche lassen Lavadecken über der Erosionsfläche ausfließen. (e) Dehnungskräfte (dargestellt durch rote Pfeile) führen zur Bildung neuer, nahezu vertikal stehender Abschiebungen, die die älteren Strukturen in einzelne Blöcke zerlegen. Ein Geologe sieht lediglich das letzte Stadium und versucht, aus den Strukturmerkmalen alle früheren Stadien der Entwicklungsgeschichte eines Gebiets zu rekonstruieren (nach P.B. King, The Evolution of North America, © 1959/1987, mit frdl. Genehmigung von Princeton University Press, Princeton, N. J.).

8.4.3.2 Bruchschollengebirge

- bei Bruchschollengebirgen handelt es sich häufig um Mittelgebirge
- Bsp.: Rheinisches Schiefergebirge, Thüringer Wald, Bayerischer Wald

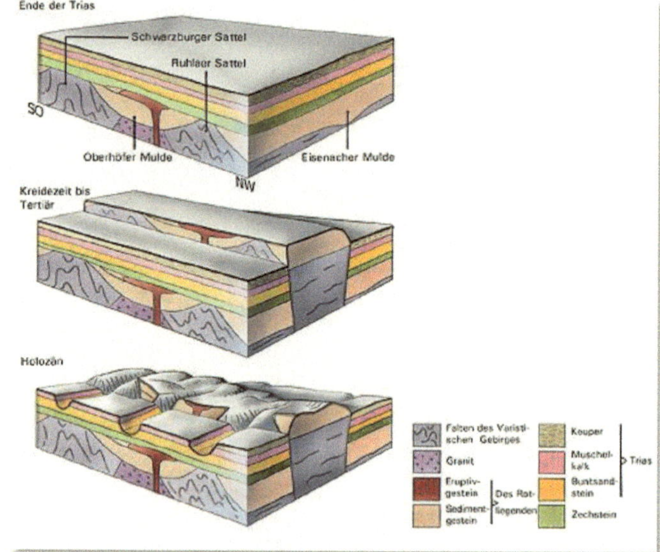

Quelle: http://www2.klett.de/sixcms/media.php/76/thwald.jpg

8.5 Überblick über die Gebirgstypen

a) **Vulkanische Gebirge** z.B. Cascade Range, Teile der Anden

b) und c) **Horst- und Graben Strukturen** ⇨ Auf- bzw. Abschiebungen bestimmen das Bild z.B. Basin & Range Province

d) **Faltengebirge** bei mäßigem Druck z.B. Teile der Appalachen

e) **Deckengebirge** mit großräumigen Überschiebungen z.B. Himalaya, Alpen

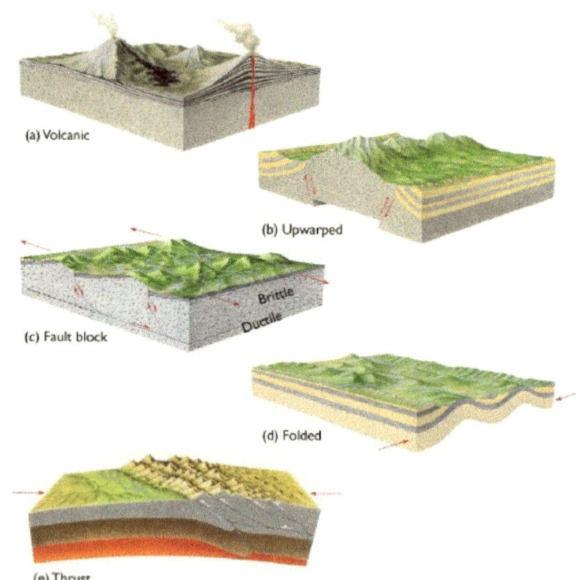

Quelle: http://indiahikes.in/wp-content/uploads/2015/05/figure-21-10.jpg

9   Geomorphologische Formungsprozesse

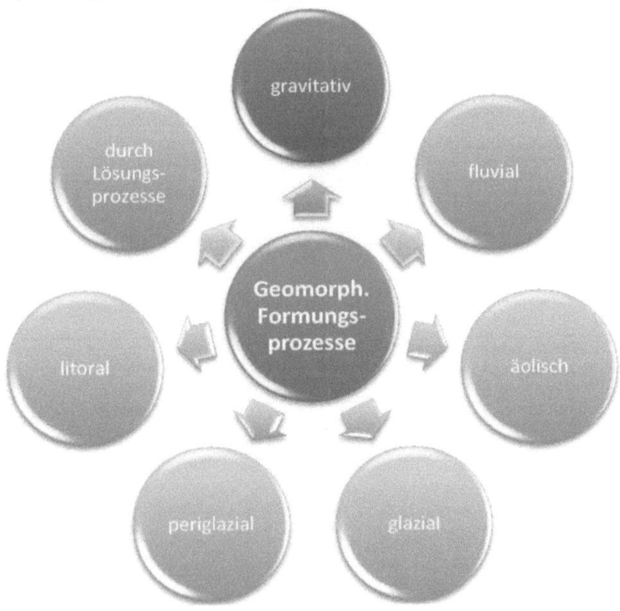

Zusammenspiel von

- **exogenen** Prozessen
  (Verwitterung, Erosion, Transport)
- **endogenen** Prozessen
  (Gebirgsbildung, Hebung)

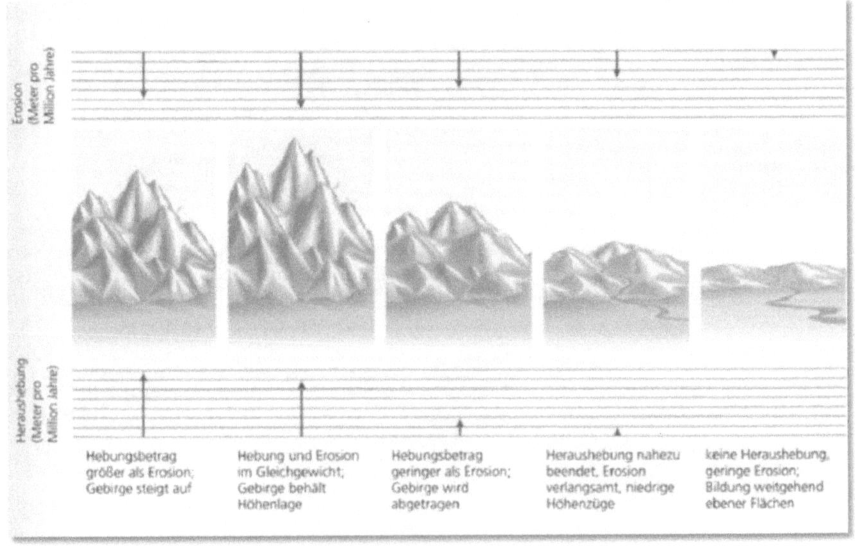

9.1 Gravitative Massenbewegung

9.1.1 Definition Gravitative Massenbewegung

gravitative Massenbewegung

- Unter gravitativer Massenbewegung versteht man die spontane Hangabwärtsbewegung von Boden, Regolith oder Gestein unter dem Einfluss der **Schwerkraft** (ohne die dynamische Bewegung bewegter fluider Medien) (vgl. Strahler / Strahler 2005).
- Hierbei müssen die treibenden Kräfte die haltenden Kräfte übertreffen.

⇨ Schwerkraft auch bei fluvialer, glazialer und äolischer Formung beteiligt, aber nicht dominante Kraft!

9.1.2 Einflussfaktoren

- Gesteinsart und -lagerung
- Porosität und Wasserdurchlässigkeit des Gesteins
- vorherrschende Verwitterungsart
- Klima
- Relief
- Wasserhaushalt
- anthropogener Einfluss

⇨ Die Wirkung der Schwerkraft auf Bewegungen an einem Hang ist abhängig von:

- Hangneigung
- Korngröße und Zurundungsgrad
- Porenwassergehalt

9.1.3 Arten der Massenbewegung

Typisierung anhand von zwei Faktoren:

1. Materialfeuchte
2. Bewegungs-geschwindigkeit

⇨ Bewegungsarten:

- Versatz
- Stürzen
- Gleiten
- Fließen

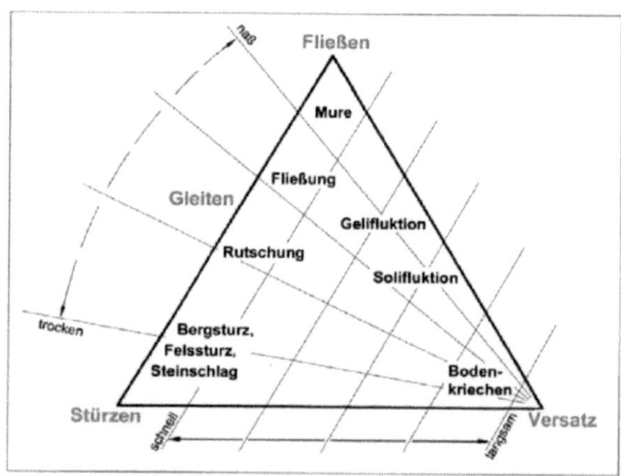

Abb. 6.2 Typisierung der Massenschwerebewegungen (verändert nach Carson u. Kirkby 1972, 100). Die Ecken des Diagramms werden durch die grundlegenden Bewegungstypen gebildet; in der Natur treten häufig Kombinationen auf. Zur Typisierung der Prozesse gehören die Materialfeuchte und die Bewegungsgeschwindigkeit.

aus Zepp 2004

9.1.3.1 Bodenkriechen

- langsamer aber kontinuierlicher Prozess auf mäßig feuchtem Boden
- Bewegung durch Kontraktion und Expansion von tonhaltigem, durchtränktem Material
- Folgen:

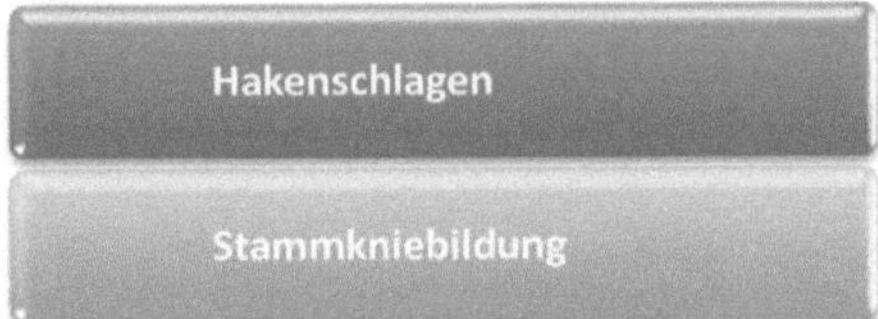

9.1.3.2 Muren

- schneller Prozess auf nassem Boden
- entstehen sowohl bei Hängen als auch bei steilen Wildbächen (bei Starkregen)
- hoher Porenwassergehalt erhöht die Schubkraft
- werden gefördert durch
  - hoher Feinmaterialgehalt
  - Starkregenereignisse

9.1.3.3 Gleiten und Rutschen

- unterschiedlich schneller Prozess (bis zu 1m/s) auf mäßig nassem Boden
- verlagerte Masse wird als Einheit bewegt
- Gleitfläche im Untergrund (meist Tonlagen)
- bei Felsrutschungen: Anbruchnische und Gleitbahn i.d.R. durch Klüfte, Störungen, Schichtflächen oder Materialwechsel vorgezeichnet:

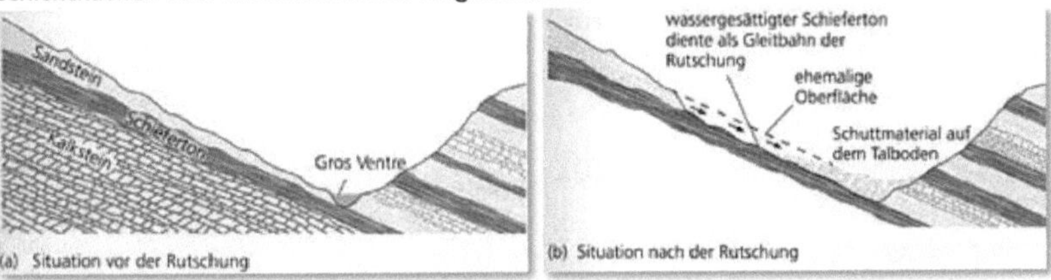

- bei Lockergesteinsrutschungen: spontane Bildung der Gleitfläche oder vorgegeben durch Grenze zur Felsunterlagerung

9.1.3.4 Stürzen

- schneller Prozess auf trockenem Boden
- an steilen Felshängen
- große und schwere Partikel werden am weitesten zum Hangfuß transportiert
  ($\Rightarrow$ Gegenteil bei fließendem Wasser: leichte Partikel werden am weitesten transportiert)
- Auslöser: Erdbeben oder Starkregenereignisse
- Unterscheidung je nach Dimension:
  - Steinschlag (< 100 m³)
  - Felssturz (ab 100 m³)
  - Bergsturz (> 1.000.000 m³)
    Bsp.: Bergsturz von Val Pola

9.2   Fluviale Formen und Prozesse

- Oberflächenformung durch fließendes Wasser
- Wirksamkeit ist abhängig vom Oberflächenabfluss
  ⇨ **Oberflächenabfluss** wird vom **Wasserhaushalt** gesteuert

9.2.1   Wasserhaushalt

Komponenten des Wasserhaushalts

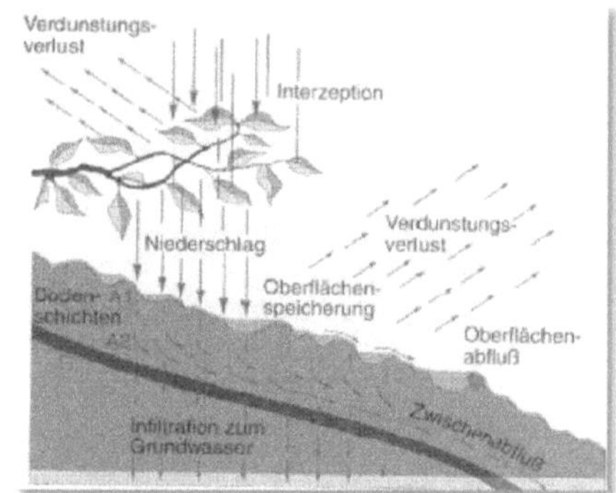

- **Niederschlag**
- **Interzeption**
  von Pflanzen abgefangener Niederschlag,
  erreicht den Boden nicht
- **Infiltration**
  in Boden versickerndes
  Niederschlagswasser
- **Grundwasser**
  tief versickertes Niederschlagswasser,
  füllt Poren und Klüfte
- **Interflow**
  Zwischenabfluss im Boden
- **Oberflächenabfluss**
  oberflächig abfließendes
  Niederschlagswasser
- **Evapotranspiration**
  Verdunstung von Niederschlagswasser
  vom Boden (= Evaporation) und durch
  Tiere und Pflanzen (= Transpiration)

Abfluss

Abfluss = Niederschlag – Verdunstung

- reagiert zeitverzögert auf ein Niederschlagsereignis
- abhängig von
  - Art des Niederschlagsereignisses (z.B. Starkregen)
  - von der Größe und Form des Einzugsgebietes
    Bsp.:   rundliches Fluss-Einzugsgebiet ⇨ kurzer und heftiger Abfluss
    längliches Fluss-Einzugsgebiet ⇨ langsamer, gemächlicher Abfluss
  - vom Relief

9.2.2 Fließgeschwindigkeit

9.2.2.1 Erosion, Transport und Akkumulation

- in Abhängig der
  Fließgeschwindigkeit
  - Erosion
  - Transport
  - Akkumulation
- Zusammenhang zwischen
  Korngröße und
  Fließgeschwindigkeit
  ⇨ schwerere Löslichkeit von sehr
  kleinen Korngrößen (z.B. Ton)
  wegen Haftkräften:

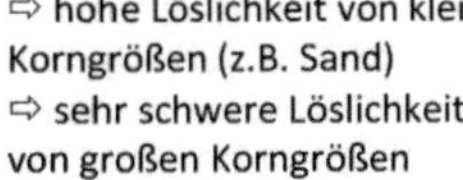

Quelle: http://bc.outcrop.org/images/
rivers/press4e/figure-14-03-2.jpg

⇨ hohe Löslichkeit von kleinen
Korngrößen (z.B. Sand)
⇨ sehr schwere Löslichkeit
von großen Korngrößen

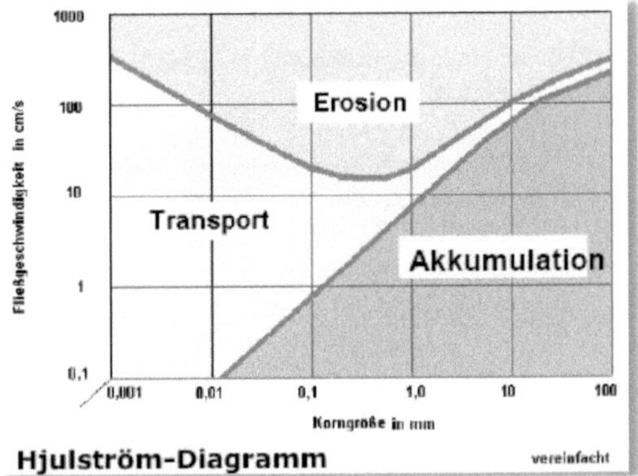

Hjulström-Diagramm vereinfacht

Quelle: http://ks-net.ch/img/hjulstr%C3%B6m-diagramm.gif

9.2.2.2 Fließgeschwindigkeit und Flüsse

- **Stromstrich**: Bereich des Flusses mit der
  maximalen Fließgeschwindigkeit
  (i.d.R. am tiefsten Punkt des Flusses)
  - bei geraden Flussläufen: Stromstrich in der
    Mitte des Flusses
  - bei Biegungen: Verlagerung des Stromstrichs
    nach außen
- **Prallhang**:
  - ständige Erosion
  - steil
- **Gleithang**:
  - ständige Akkumulation
  - flach

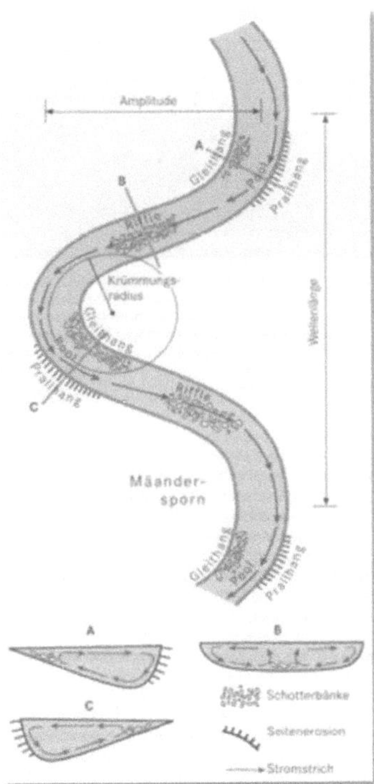

9.2.2.2.1   Erosion

Abtragung durch fließendes Wasser und Schleifwirkung der mitgeführten Fracht

- Tiefenerosion: Tieferlegen der Flusssohle
- Seitenerosion: Rückverlegung eines Ufers

9.2.2.2.2   Transport

Das im fließenden Wasser transportierte Material wird als Flussfracht bezeichnet

- Lösungsfracht (chem. Verwitterung)
- Schwebfracht (Suspension von z.B. Ton)
- Geröllfracht (Schotter und Sande)

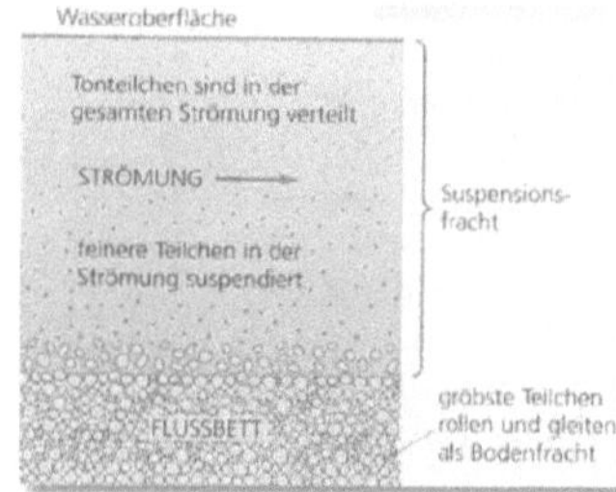

9.2.2.2.3   Akkumulation

Bei nachlassender Transportkraft (Fließgeschwindigkeit) wird das in den Flüssen mitgeführte Material wieder abgelagert

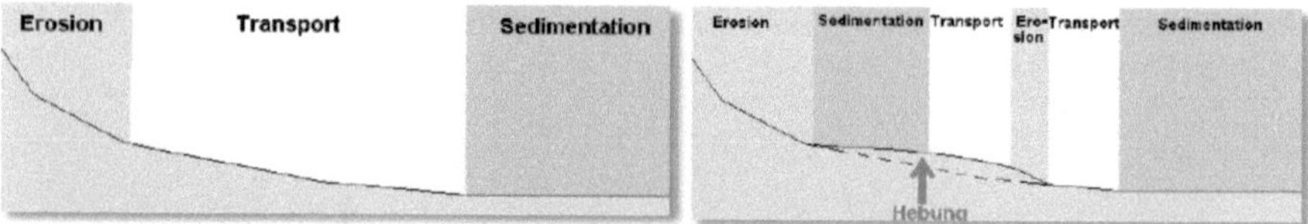

Akkumulationsformen

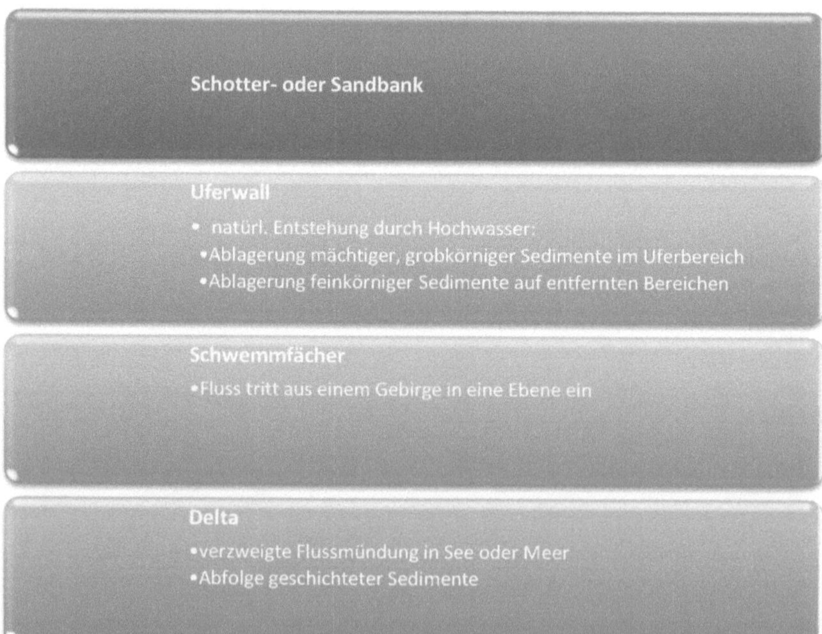

9.2.2.3 Flusslängsprofil

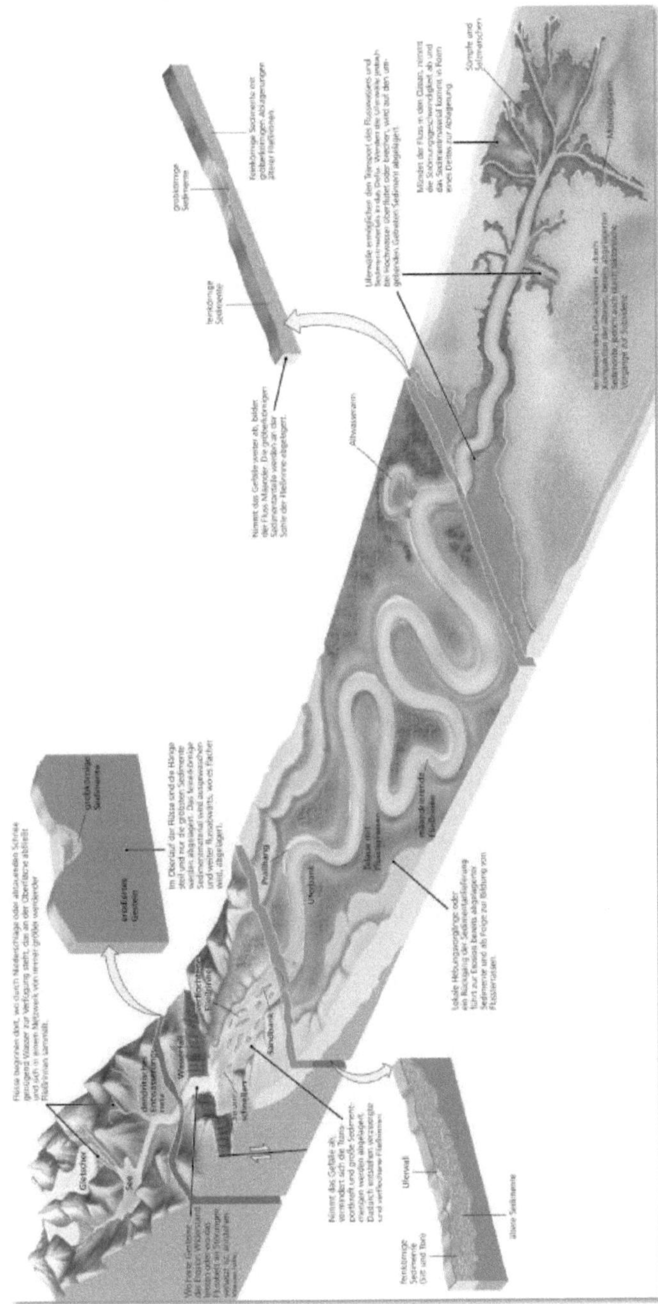

Quelle: Grotzinger et al. 2008

9.2.2.4 Talformen

Unterschiedliche Formen abhängig von

- Widerständigkeit des Gesteins
- Lagerung
- mitgeführter Geröllfracht
- Verhinderung von Tiefenerosion
  ⇨ Seitenerosion
- Verhinderung von Erosion
  ⇨ Akkumulation

Unterschiedliche Ausprägung von

- Talhängen
- Flussbett
- Talboden

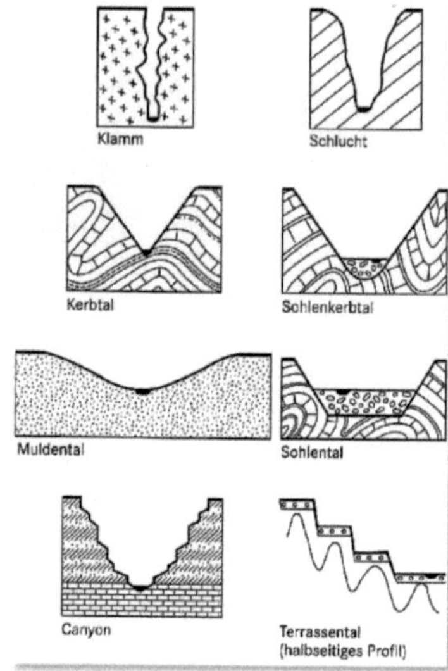

Bsp. Durchbruchstäler:

antezedentes Durchbruchstal

- Fluss fließt über Ebene und schneidet sich ein
- Ebene hebt sich aufgrund tektonischer Hebung
  (zunächst an der Oberfläche nicht erkennbar, da Erosion die Hebung aufhebt)
- im Laufe der Zeit wird das Gebirge sichtbar und Fluss beginnt, sich in das Gebirge einzugraben
- ⇨ Fluss war vor der Hebung des Gebirges da und umfließt daher das Gebirge nicht

epigenetisches Durchbruchstal

- Fluss fließt über Ebene und schneidet sich ein
- mit Erosion der Oberfläche stößt Fluss auf Gestein
- anstatt Gestein zu umfließen greift der Fluss das Gestein erosiv an
- ⇨ Fluss schneidet sich ein und erodiert vorhandenes Gestein; keine Tektonik notwendig

9.3 Äolische Formen und Prozesse

- Oberflächenformung durch Wind
- tritt auf in Gegenden mit:
  - (Semi-)Aridität
  - geringer Vegetationsbedeckung
  - hohem Anteil an (trockenem ⇨ leichten) Lockermaterial
  - Wind

9.3.1 Äolische Prozesse

Überblick:

- Erosion
- Transport
- Akkumulation

⇨ Aufgrund der geringen Transportkraft kann Wind nur kleinere Korngrößen transportieren.

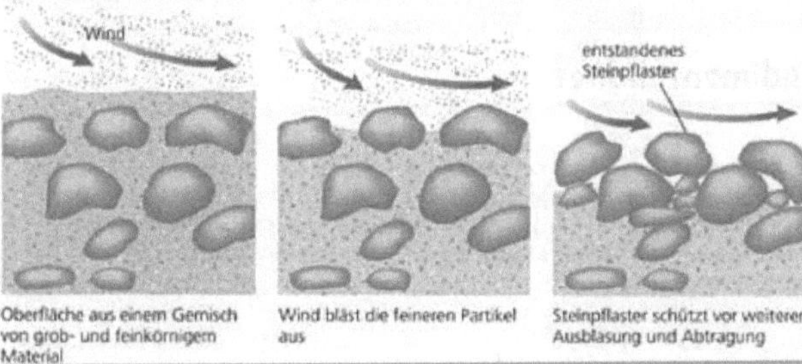

9.3.1.1 Erosion

Deflation
- selektive Wirkung
- Feinmaterial wird ausgeweht
- Grobmaterial bleibt zurück
- Bsp.: Serir (Geröllwüsten, gerundet), Hamada (Felswüsten, kantig)

Korrasion
- Windschliff durch die in der Luft gelösten Feinpartikel
- Wirkung vgl. Sandstrahler
- es entstehen Windkanter, Pilzfelsen, Yardangs

9.3.1.2 Transport

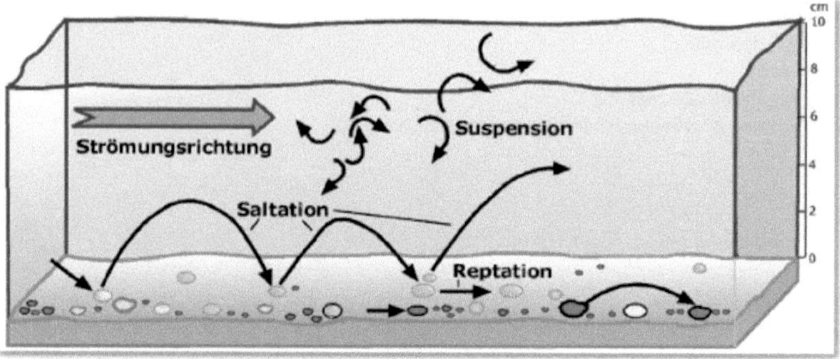

Quelle: http://www.brelingerberge.de/img/transportmechanismen.gif

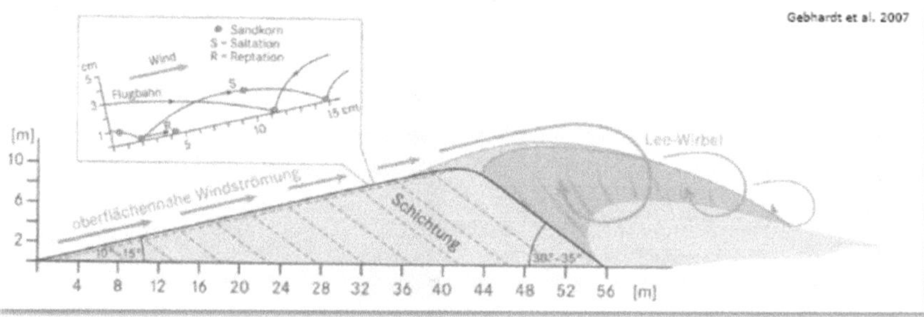

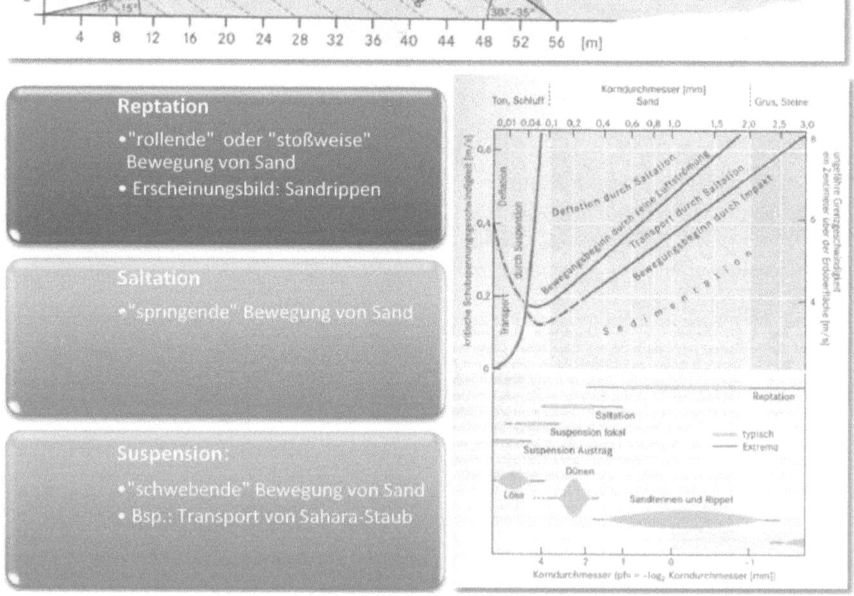

Menge des transportierten Materials
abhängig von:

- Korngrößenzusammensetzung
- Windgeschwindigkeit
- Vegetationsbedeckung:
  Dichte, Zusammensetzung und
  Wuchsformen der Pflanzen haben
  Einfluss auf bodennahe
  Windströmungen
- Oberflächenbeschaffenheit

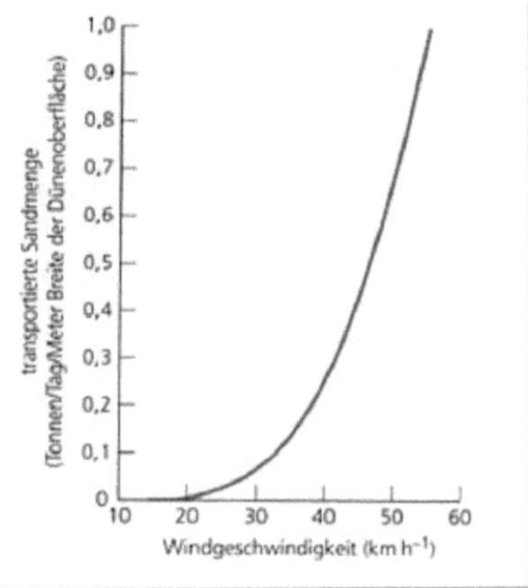

9.3.1.3 Akkumulation

- bei nachlassender Windgeschwindigkeit
- Unterschiede in der Geschwindigkeit
  der transportierten Luft und des
  transportierten Sandes erzeugen
  Reibung und damit Turbulenzen
  ⇨ lokale Verstärkung/Verlangsamung
  der Sandbewegung
  ⇨ Entstehung von wellenförmig
  angeordneten Hohl- und Vollformen

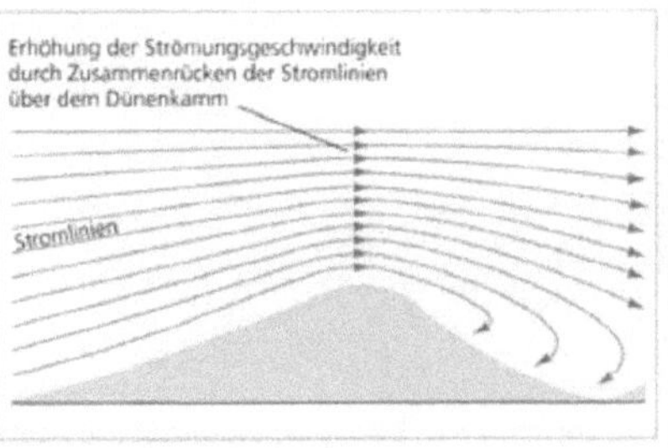

Abb. 14.16   Die Höhe einer Düne ist durch das Verhalten der Stromlinien begrenzt. Wenn die Düne in die Höhe wächst, werden die Stromlinien stärker zusammengedrückt, sodass die Geschwindigkeit zunimmt. Mit steigender Geschwindigkeit wächst auch die Fähigkeit, Sandkörner zu verfrachten. Schließlich erreicht die Düne eine Höhe, in der der Wind stark genug ist, dass die Sandkörner von der Düne so rasch weggeweht werden, wie sie den Luvhang der Düne emporwandern und das Höhenwachstum der Düne endet.   **Press & Siever 2003**

Äolische Akkumulationsformen

je nach Dimension unterscheidet man

Windrippel
- Wellenlängen im cm bis dm-Bereich
- verlaufen quer zur vorherrschenden Windrichtung

Dünen
- Wellenlängen von 5 bis 500m

Draa
- Dünenkörper mit > 500m Erstreckung

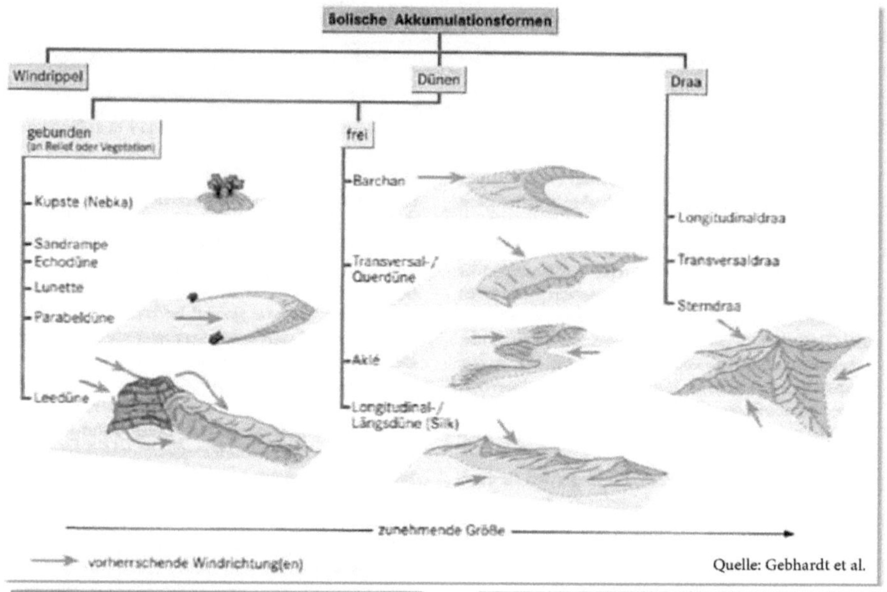

Freie Dünen	Gebundene Dünen
•ohne Hindernis	•mit Hindernis wie Vegetation, Relief
•z.B. Barchan	•z.B. Parabeldüne

Zusammenhang zwischen Dünentypen und Windsstärke, Sandzufuhr und Vegetationsbedeckung:

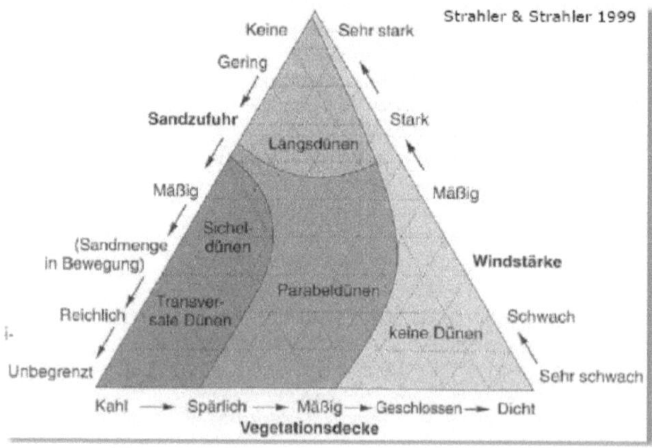

9.4   Glaziale Formen und Prozesse

- Oberflächenformung durch sich bewegendes Gletschereis
- Gletscher bilden sich, wenn im Jahresverlauf mehr Schnee fällt, als durch Ablation (= Schmelzen und Verdunsten) aufgezehrt wird

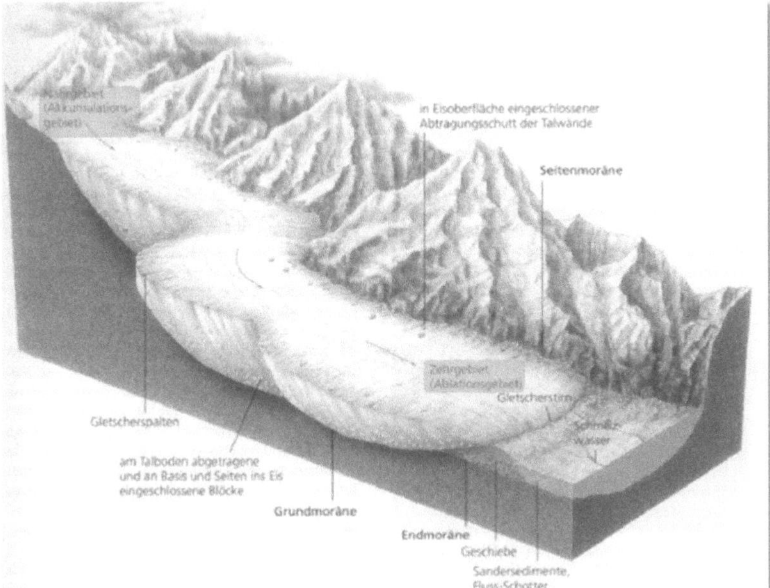

Umwandlung von Schnee zu Gletschereis

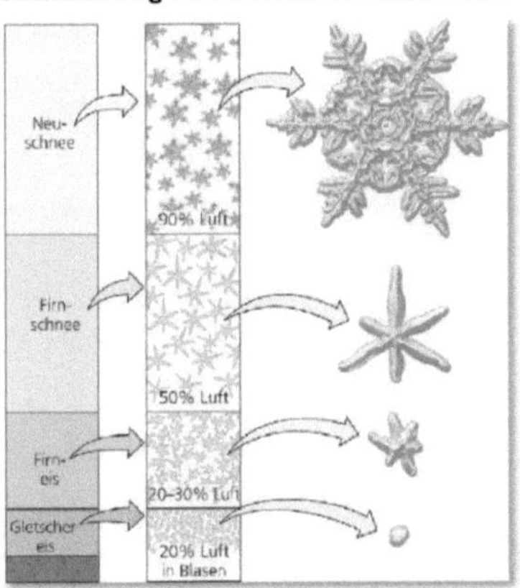

nach: http://www.polartrec.com/files/members/jamie-esler/images/figure-16-08.jpg

Glaziale Prozesse:

- Erosion
- Transport
- Akkumulation

9.4.1 Formen der Gletscherbewegung

Gletschereis gerät in Bewegung, wenn die Eisdicke einen bestimmten Schwellenwert überschreitet

Warmer Gletscher

- Gletscher gleitet gleichmäßig auf einem Wasserfilm
- Wasserfilm entsteht durch hohen Druck durch Eismasse

Kalter Gletscher

- kein Wasserfilm
- ruckartige Blockbewegung (vgl. Transformstörung)

9.4.2 Glaziale Erosionsformen

Unter dem Druck des bewegten Gletschereises wird an der Erdoberfläche erodiert

- Lockermaterial wird aufgenommen und abtransportiert
- der unter Eis liegende Fels wird durch Gletscherschliff geglättet und geschrammt

Detersion

- Vorgänge des Abschleifens, Abschürfens und der Glättung
- v.a. auf der Eisbewegung zugewandten Seite von Erhebungen des Felsuntergrundes ⇨ Bildung von Gletscherschrammen

Detraktion

- Herausbrechen von Gestein aus dem Untergrund von im Eis mitgeführten Felspartikeln (durch Festfrieren & Lockerung)
- v.a. auf der Leeseite und bei Erhebungen unter dem Eis

Exaration

- Zusammenschub und Aushub von Lockermaterial im Bereich der Gletscherstirn
- Erbegnis: Zungenbecken, Stauchmoränen

Schmelzwassererosion

- subglazial
- Erosion durch das Schmelzwasser des Gletschers

9.4.2.1 Trogtäler / U-Täler

Präglazial angelegte Täler werden durch die Gletscher zu U-Tälern umgeformt

9.4.2.2 Hängetäler

Entstehen durch die geringe Erosionsleistung kleiner Seitengletscher:

- während der Vergletscherung münden Seitengletscher mit unterschiedlichen Höhenlagen der Gletscherbasis in den Hauptgletscher
- nach dem Abschmelzen bleiben in diesen Gebieten Hängegletscher zurück
  ⇨ wenn Flüsse oder Bäche über den Rand des Hängetals fließen, bilden sie Wasserfälle

9.4.3 Glaziale Akkumulationsformen: Moränen

- vom Gletschereis transportiertes Schuttmaterial
- es kommt zu keiner Sortierung des Materials

Man unterscheidet:

- Grundmoräne
- Seitenmoräne
- Mittelmoräne
- Endmoräne

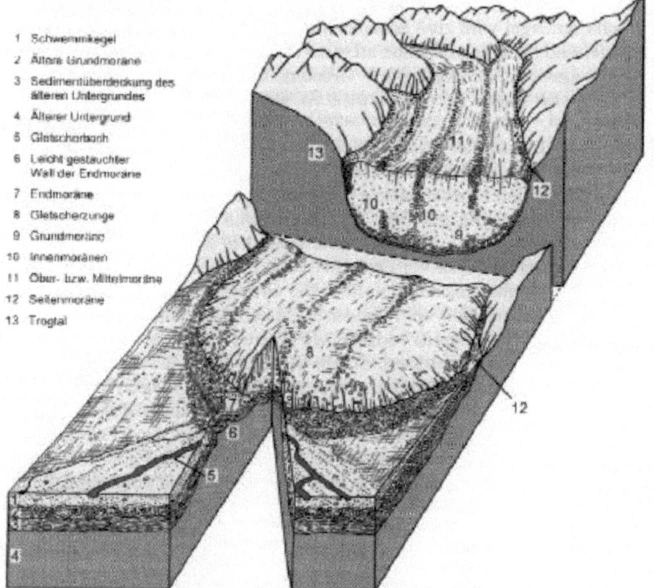

Abb. 4.6/1: Moränen in und um einen Gletscher

Dargestellt ist ein Gebirgsgletscher in einem Trogtal (13). Die Gletscherzunge liegt im Vorland. Vor den Endmoränen (6 und 7), die sich auf einem älteren – z. B. präpleistozänen Untergrund (4) mit jüngerer, z. B. mittelpleistozäner, Sedimentüberdeckung (3) ablagerten, breitet sich ein Schwemmkegel (1) aus. Er lagert auf einer älteren Grundmoräne (2) und wird von einem Gletscherbach (5) zerschnitten. Die Endmoräne besteht aus zwei Wällen; der erste (6) wurde beim zweiten Vorrücken des Gletschers (7) gestaucht. Die Gletscherzunge (8) ist mit Schutt überdeckt. Der Gletscher wird von Seitenmoränen (12) eingerahmt und von der Grundmoräne (9) unterlagert. Die Obermoräne (11) kann aus zwei vereinigten Seitenmoränen eine Mittelmoräne bilden. Reichen Ober- bzw. Mittelmoräne in den Gletscherkörper hinein, heißen sie Innenmoräne (10). – Ufermoränen sind an diesem rezenten Gletscher wegen des Engtals nicht erhalten. (Aus H. Leser [7]1995)

aus: Leser (2003), S. 282

9.5   Periglaziale Formen und Prozesse

- periglaziale Formen entstehen unter der Wirkung des **Bodenfrostes**
- Verbreitung:
  - Subpolargebiete
  - Hochgebirge (oberhalb der Waldgrenze)
- periglaziale Oberflächenformung wird klimatisch gesteuert:
  - Frostwechsel (jahreszeitlich, tageszeitlich, etc.)
  - ausreichend Bodenfeuchte

9.5.1   Periglaziale Kleinformen

Solifluktion

- Form des Bodenfließens unter Permafrostbedingungen (Periglazialgebiete)
- Auftauen der Oberbodenschichten ⇨ wasserdurchtränkt
- hangabwärts Gleiten des Oberbodens über den Permafrostboden
- nach Einfluss der Vegetation unterscheidet man
  - Wanderblöcke (grobe Komponenten bewegen sich schneller als bewachsenes, stabileres Feinmaterial)
  - Staublöcke (unbewachsenes Feinmaterial bewegt sich schneller als Grobmaterial)

Kryoturbation

- Durchmischen des oberflächennahmen Untergrundes durch Gefrieren und Wiederauftauen
- Volumenzunahme von Bodenwasser beim Gefrieren (ca. 9%)
- Horizontalbewegung der gröbsten Partikel ⇨ Trennung von Feinpartikeln
- Formen je nach Größenordnung: Blüten < Palsa < Pingos
- Frostmuster:
  Steinringe und -polygone; Steingirlanden; Steinstreifen

9.5.2   Periglaziale Mesoformen

Glatthänge

- Steilhänge (~ 30° Böschungswinkel) ohne nennenswerte Gliederung ⇨ glatt
- labiles Gleichgewicht zwischen Transport (solifludial) und Akkumulation

Blockgletscher

- gefrorene Schuttmassen / Schutt-Eis-Gemische, die sich wegen ihres hohen Eisgehaltes plastisch verhalten und wie Gletscher talabwärts fließen
- je nach Schutt- und Eisherkunft unterscheidet man
  - Moränen-Blockgletscher (Toteis & Klufteis)
  - Hangschutt-Blockgletscher (Klufteis)
  - Merkmale: steile Stirn; oben Grobmaterial, unten Feinmaterial

9.6   Litorale Formen und Prozesse

- Oberflächenformung durch das Meer im Küstenbereich
- Aufbau einer Küste:

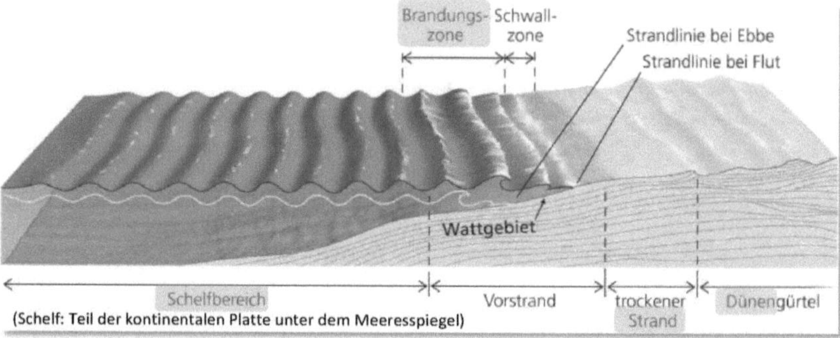

- bedeutendste geomorphologische Kräfte:
  - **Wellen**
  - **Gezeiten**
  - ⇨ verursachen **Strömungen**, die Material erodieren, transportieren und akkumulieren

9.6.1   Wellen

- entstehen durch Wind, der über die Wasserflächen hinweg weht
- Abnahme der Wassertiefe
  ⇨ Verkürzung der Wellenlänge (Bremswirkung)
  ⇨ Zunahme der Wellenhöhe / Versteilung der Wellenfront
  ⇨ Brechen der Welle

- **Wellenfraktion:**
  Wellen, die schräg zum Küstenverlauf anlaufen, ändern sich in eine in etwa küstenparallele Richtung

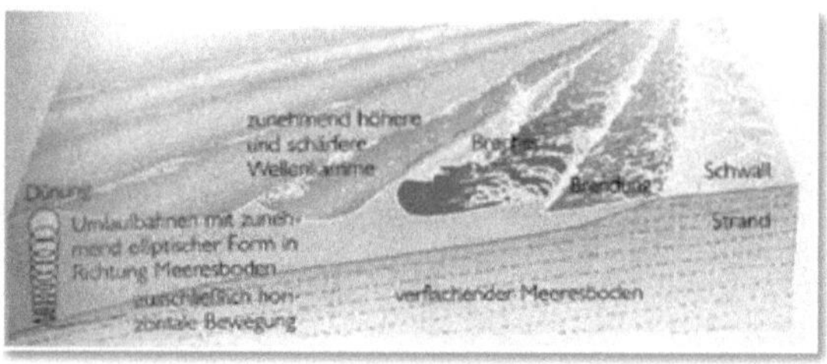

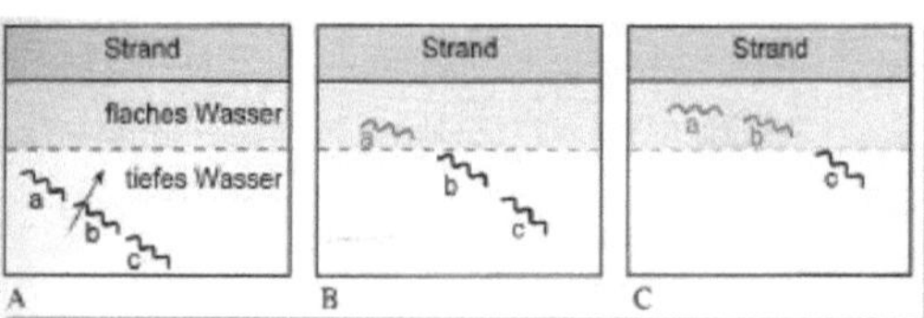

- **Wirkung der Wellen:**
  - Landzungen (Erosion bei konvergierenden Wellen)
  - Buchten (Akkumulation bei divergierenden Wellen)

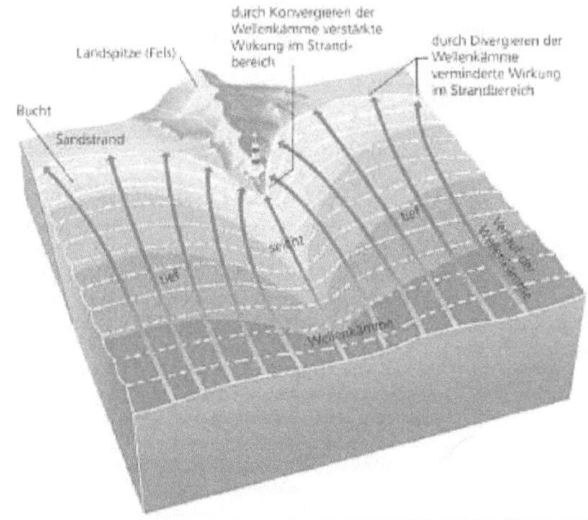

- **Küstenversetzung:**
  - entsteht durch die zickzackähnlichen Bewegungen von Sandkörnern, die von Wellen angespült werden, die unter einem Winkel auf den Strand auflaufen
  - schräg auf den Strand auflaufende Wellen verursachen im Flachwasser außerdem eine Zickzack-Bewegung der Wasserteilchen, die zu Küstenströmungen führt

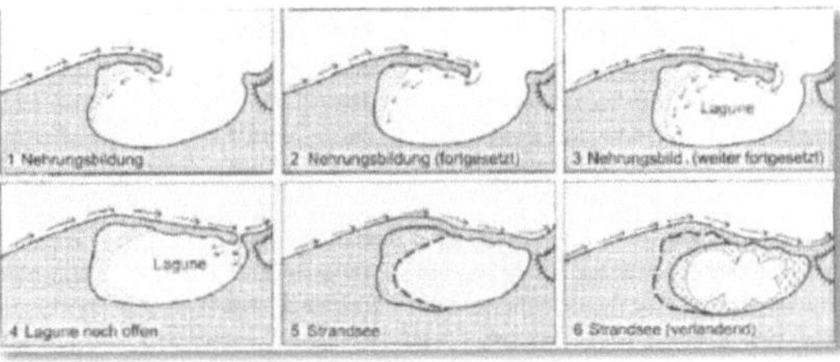

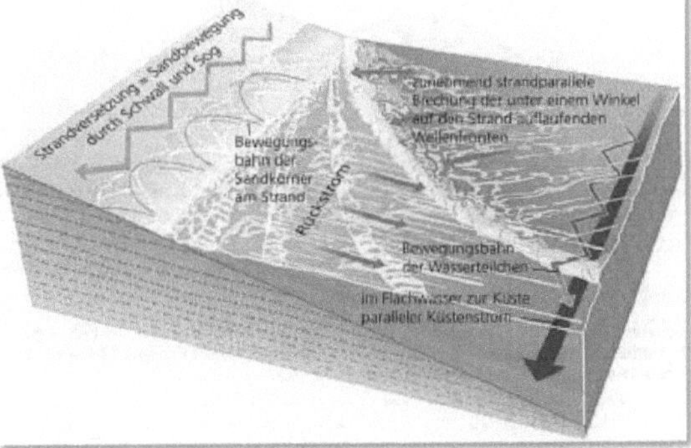

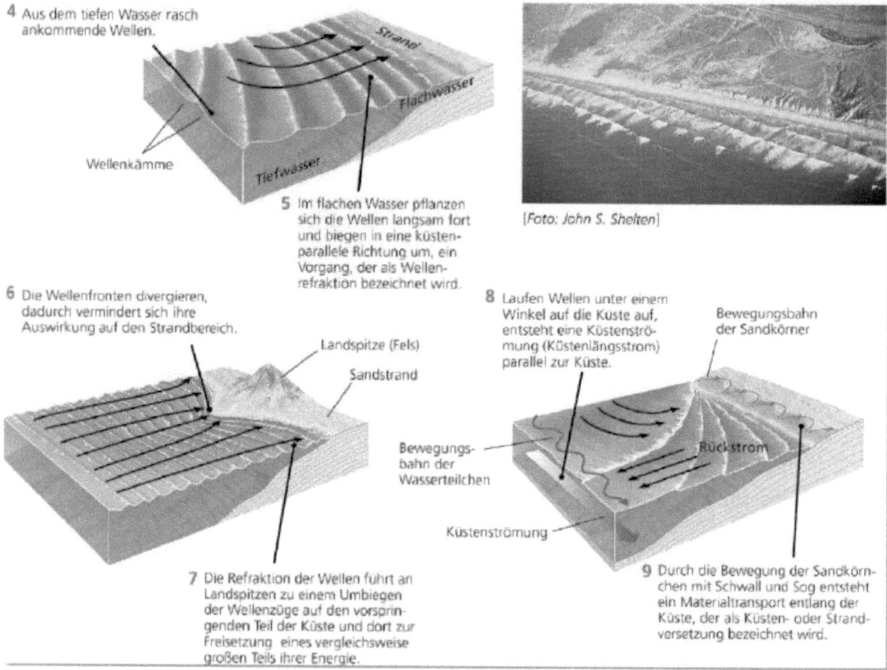

4 Aus dem tiefen Wasser rasch
ankommende Wellen.
Strand
Flachwasser
Wellenkämme
Tiefwasser
5 Im flachen Wasser pflanzen
sich die Wellen langsam fort
und biegen in eine küstenparallele Richtung um, ein
Vorgang, der als Wellen-
refraktion bezeichnet wird.
[Foto: John S. Shelten]

6 Die Wellenfronten divergieren,
dadurch vermindert sich ihre
Auswirkung auf den Strandbereich.
Landspitze (Fels)
Sandstrand
7 Die Refraktion der Wellen führt an
Landspitzen zu einem Umbiegen
der Wellenzüge auf den vorsprin-
genden Teil der Küste und dort zur
Freisetzung eines vergleichsweise
großen Teils ihrer Energie.

8 Laufen Wellen unter einem
Winkel auf die Küste auf,
entsteht eine Küstenströ-
mung (Küstenlängsstrom)
parallel zur Küste.
Bewegungsbahn
der Sandkörner
Bewegungs-
bahn der
Wasserteilchen
Rückstrom
Küstenströmung
9 Durch die Bewegung der Sandkörn-
chen mit Schwall und Sog entsteht
ein Materialtransport entlang der
Küste, der als Küsten- oder Strand-
versetzung bezeichnet wird.

Sandhaushalt

- gesteuert über
  - Zufuhr und
  - Abfuhr
- prinzipiell: Gleichgewicht zwischen Zufuhr und Abtransport von Sand
  ⇨ kann vorübergehend verändert werden (z.B. Sturmflut, Tsunami)

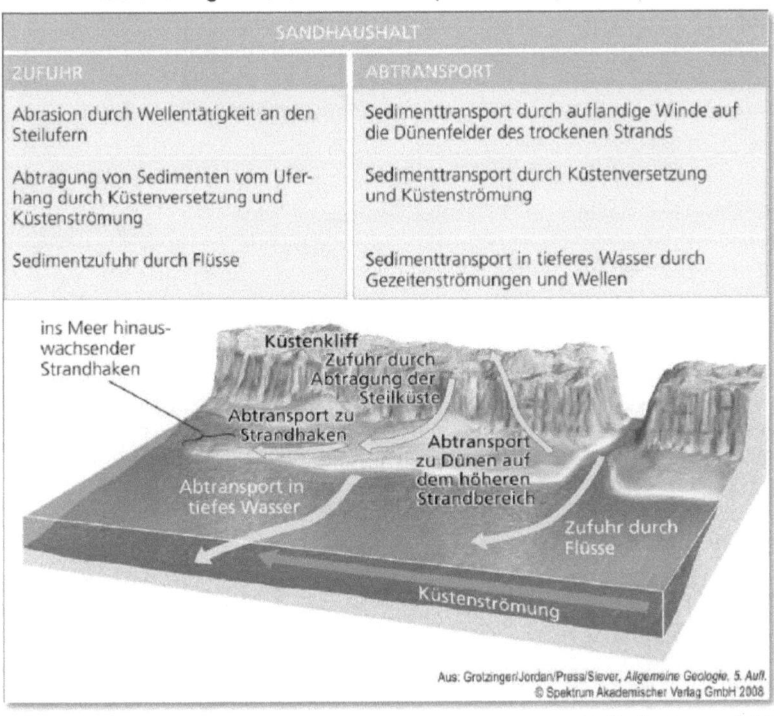

SANDHAUSHALT	
ZUFUHR	**ABTRANSPORT**
Abrasion durch Wellentätigkeit an den Steilufern	Sedimenttransport durch auflandige Winde auf die Dünenfelder des trockenen Strands
Abtragung von Sedimenten vom Ufer- hang durch Küstenversetzung und Küstenströmung	Sedimenttransport durch Küstenversetzung und Küstenströmung
Sedimentzufuhr durch Flüsse	Sedimenttransport in tieferes Wasser durch Gezeitenströmungen und Wellen

Quelle: Grotzinger et al. 2008

9.6.2 Gezeiten (Tide)

- rhythmisches Ansteigen und Fallen des Meeresspiegels (Flut und Ebbe) als Folge der Anziehungskräfte von Mond und Sonne auf die sich drehende Erde
- je größer die Schwankung (Tidenhub), desto stärker die Auswirkung auf die Formung der Küste
- **Springtide**, wenn Mond, Erde und Sonne in einer Linie liegen (Vollmond, Neumond)
- **Nipptide**, wenn Sonne und Mond in Relation zur Erde im rechten Winkel

Tidenhub

- Differenz zwischen Niedrig- und Hochwasser
- an der Küste höher als auf offener See, da sich das Wasser an der Küste „staut"
- durch Bewegung der Gezeiten entsteht an den Küsten die Gezeitenströmung

9.6.3 Küstenmorphologie

- **Brandung**:
  gebrochene, schlagende und auslaufende Wasserbewegung an der Küste
- **Brandungszone**:
  Bereich der sich brechenden Wellen
- **Abrasion**:
  abtragende Wirkung der Brandung auf die Küste
  ⇨ wirkt nicht nur im Lockergestein (z.B. Sand), sondern auch im Festgestein

9.6.3.1 Küstenklssifikation

- wichtigste Kategorie zur Klassifikation der Küsten sind zwei verschiedene Prozesse:
  - **Vertikalbewegung** von Meer und Land
    (Auf- und Untertauchen der Küste)
  - **Arbeit der Gezeiten, Wellen und Strömung**
    (Erosion ⇨ Küstenabtragung oder Sedimentation ⇨ Küstenaufbau)

  ⇨   Küstenformen bzw. Küstentypen:

aus: Leser (2003), S. 326/327

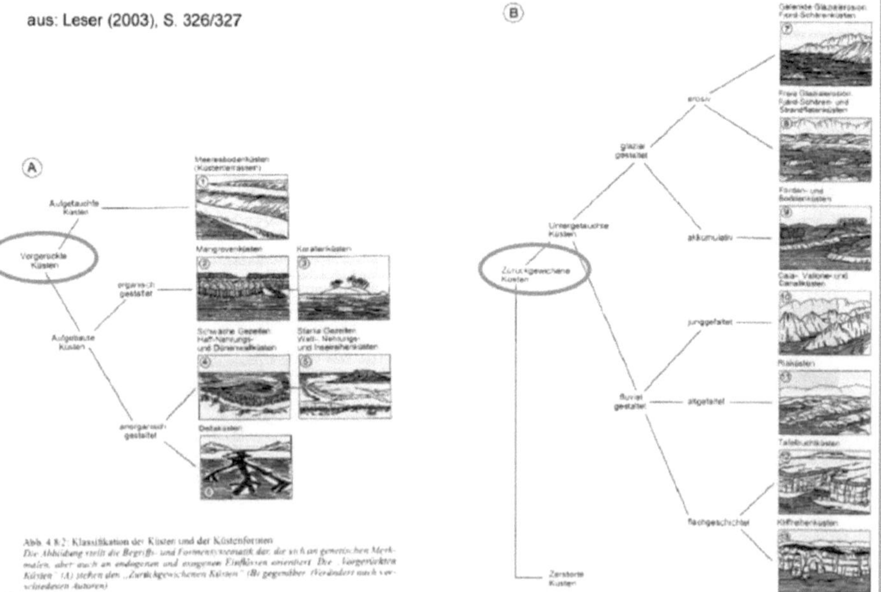

Abb. 4.8.2: Klassifikation der Küsten und der Küstenformen

9.7 Formbildung durch Lösungsprozesse: Karst

Karst

- Der Begriff Karst bezeichnet Landschaftsformen, die durch die vorherrschende Lösungsverwitterung und -abfuhr entstanden sind.
- Auslaugung von durchlässigen wasserlöslichen Gesteinen (z.B. Kalkstein, Gips) durch Oberflächen- und Grundwasser

- Voraussetzung für Karstbildung
    - Löslichkeit des Gesteins
    - ausreichend flüssiges Wasser und darin gelöste Säuren
    - Durchlässigkeit des Gesteins (NS infiltriert in das Gestein und löst es dabei)
    - mineralische Reinheit des Gesteins (Ton und Schluff würden Poren verstopfen)
- Lösungsverwitterung (Korrosion) tritt auf in
    - Kalkgestein und Dolomit (schwer löslich)
    - Sulfaten (Gips) und Chloriden (Stein- und Kalisalze)
    - untergeordnet in resistenten silikatischen Gesteinen (z.B. Granit): „Silikatkarst"
- Karsthydrographische Zonen:
    - a) Vadose Zone (hier bewegt sich das Wasser abwärts)
    - b) Hochwasserzone (nur bei Hochwasser mit Wasser gefüllt)
    - c) Phreatische Zone (ständig mit Wasser gefüllt)

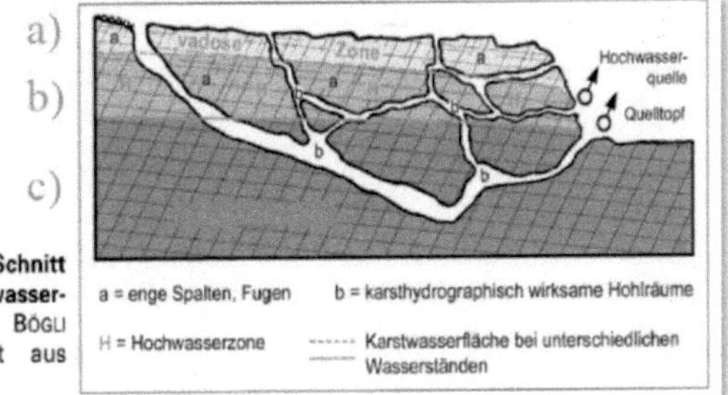

Abb. 12.6 Schematischer Schnitt durch ein Karstwassersystem (nach BÖGLI 1978, verändert aus BUSCH 1986, 72)

9.7.1 Kohlensäureverwitterung

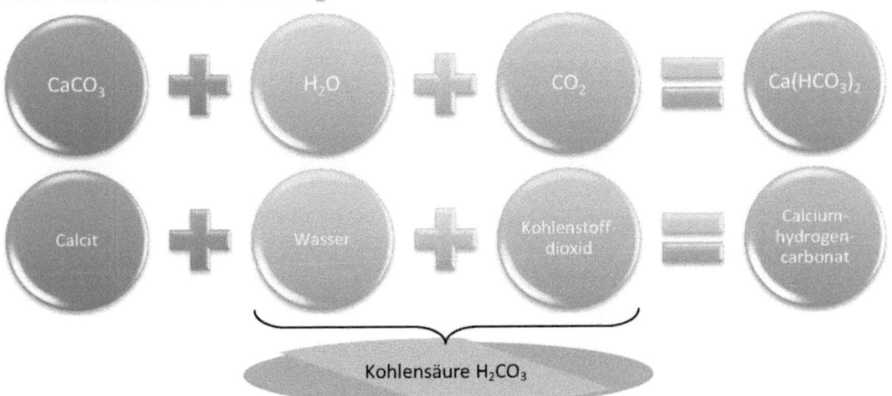

- **gesättigtes** Wasser: enthält maximale Menge an gelöstem Kalk
- **niedrige** Temperaturen und hoher CO_2-Gehalt fördern die Kalklösung
- bei Veränderung einer dieser zwei Parameter (Temperatur/CO_2-Druck) $\Rightarrow$ Kalkausfällung

9.7.2 Mischungskorrosion

Unter Mischungskorrosion versteht man die Korrosion von Kalkstein oder Dolomit, die durch das Mischen zweier kalkgesättigter Lösungen kohlensäurehaltigen Wassers entsteht.

- **Sättigungskurve** zwischen CO_2- und $CaCO_3$-Gehalt im Wasser **nicht linear**:

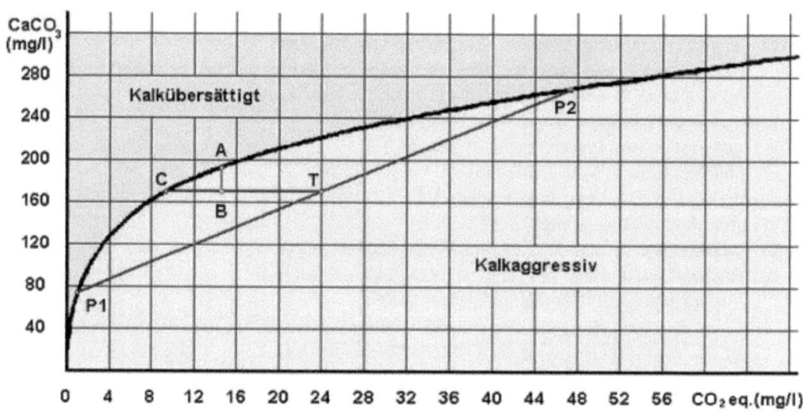

Quelle: https://upload.wikimedia.org/wikipedia/commons/thumb/2/2c/Mischungskorrossion.png/600px-Mischungskorrossion.png

- beim **Mischen** verschiedener Wasser (mit unterschiedlichem CO_2-$CaCO_3$-Verhältnis z.B. aufgrund unterschiedlicher Temperatur) besteht ein **linearer** Zusammenhang:

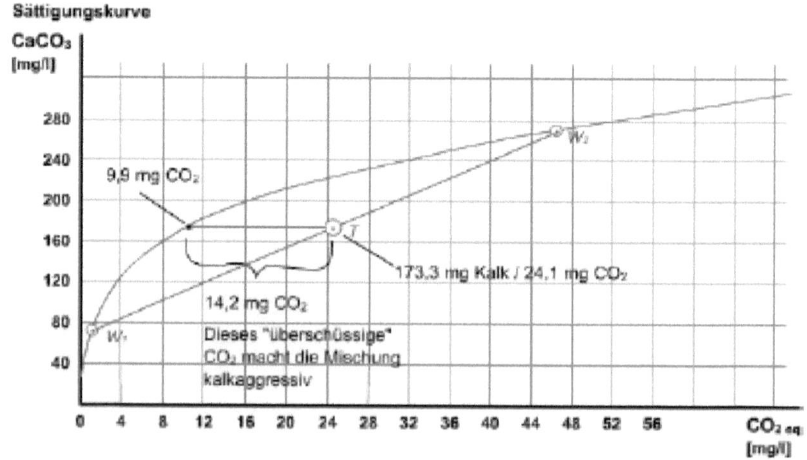

- $\Rightarrow$ es bleibt CO_2 übrig
- dieses übrige CO_2 kann nun weiter verwittern

9.7.3 Oberirdische Erscheinungen (Oberflächenkarst)

- nackter Karst: frei von Boden- und Vegetationsbedeckung
- bedeckter Karst: bedeckt von Boden und Vegetation
- überdeckter Karst: nachträglich von jüngeren Sedimenten überdeckter Karst

Karren

- Kleinformen (cm bis m-Bereich)
- durch Lösung an der Gesteinsoberfläche entstanden
- Lochkarren
- Rillenkarren (ablaufendes Regenwasser ist lösend wirksam)
- Kluftkarren (an Klüfte gebunden)

Dolinen

- runde geschlossene Hohlformen; Durchmesser 1m-100m
- Lösungsdolinen (oben) durch besonders starke Lösungsverwitterung
- Einsturzdolinen (unten) durch den Einsturz einer Höhlendecke

Uvulas

- Längliche bis ungleichmäßig geformte Karst-Hohlformen, die sich i.d.R. durch das Zusaammenwachsen mehrer Lösungsdolinen gebildet haben

Poljen

- größte geschlossene Karst-Hohlform (10er-km-Bereich)
- i.d.R. durch Kluftsysteme bestimmt
- folgen den Streichrichtungen geologischer Strukturen
- flacher Poljenboden von erodierten Sedimenten der umliegenden Hänge bedeckt und meist ackerbaulich genutzt

Trockentäler

- lineare Hohlformen (Täler) in Karstgebieten, die wegen ihres durchlässigen Untergrundes **keinen** Oberflächenabfluss besitzen
- Bildung durch fluviale Tiefenerosion

Kegel-, Turm- und Cockpitkarst

- Extremform in den warmen, (wechsel)feuchten Tropen
- fortschreitende seitliche Erosion ⇨ Umformung
- Cockpits: sternförmige Hohlformen, gebildet aus Dolinen
- Kuppen (Kuppenkarst) ⇨ Kegel (Kegelkarst) ⇨ Türme (Turmkarst)

• • •

9.7.4 Unterirdische Erscheinungen (Tiefenkarst): Höhlenbildung

- Großteil der Lösungsverwitterung findet unter der Erdoberfläche statt
- durch fortschreitende Lösung können sich kleine Hohlräume sukzessive ausweiten
  ⇨ Höhlen

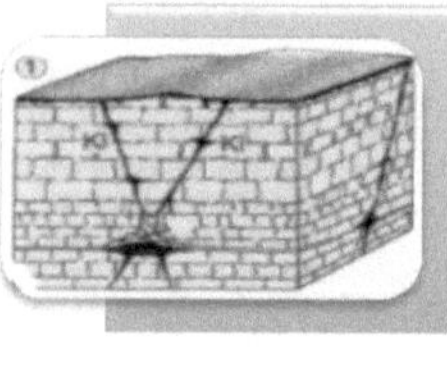
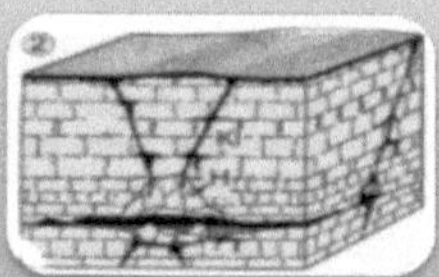
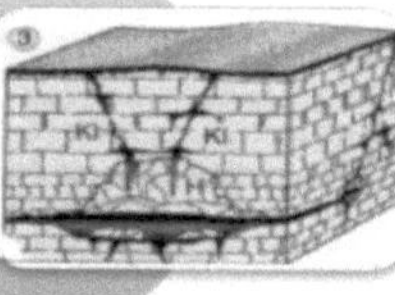

9.7.5 Ausfällungserscheinungen

- bei Temperaturänderung oder CO_2-Druckänderung
- Wasser kann den gelösten Kalk nicht mehr „halten" ⇨ Ausfällung
- Beispiele:
  - Stalagtite, Stalagmite

  - Sinterterrassen

  - Steinerne Rinnen

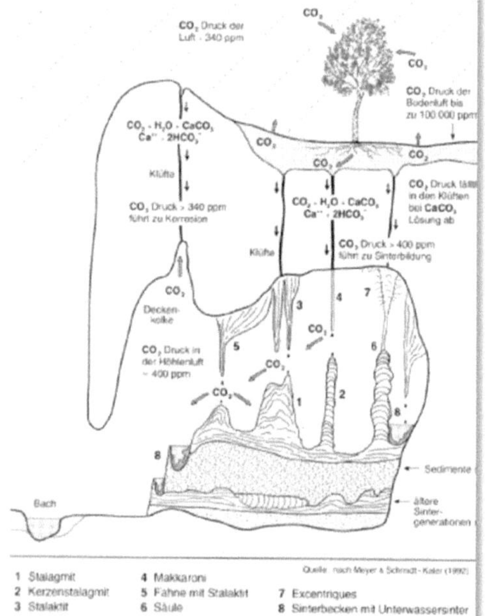

Quellen
Stalagtite: http://www.retro.ro/images/pictures/ursilor.jpg
Sinterterrassen: http://www.zaunbos.de/images/Fotos03_08_1/YellowstoneSinterterrassen.jpg
Steinerne Rinnen: http://www.angewandte-geologie.geol.uni-erlangen.de/erasb18.jpg

10 Skulpturform vs. Strukturform

Skulpturform

- Oberflächenformen, die vom geologschen Bau des Untergrundes unabhängig sind
- werden rein durch exogene Prozesse (fluvial, äolisch etc.) geformt
- Bsp.: Bergfußflächen in Trockengebieten

Strukturform

- Oberflächenformen, bei denen die Strukturen der Erdkruste (= geologisch bedingt) aufgrund unterschiedlicher Härte der anstehenden Gesteine freigelegt werden
- Bsp.: Schichtstufen

Bergfußfläche in Trockengebieten

⇨ Abfolge unterschiedlicher Prozessbereiche:

- **Pediment**: Flächenspülung, Transport und aktive Hangrückverlegung
- **Glacis**: Akkumulation und Weitertransport, Winderosion

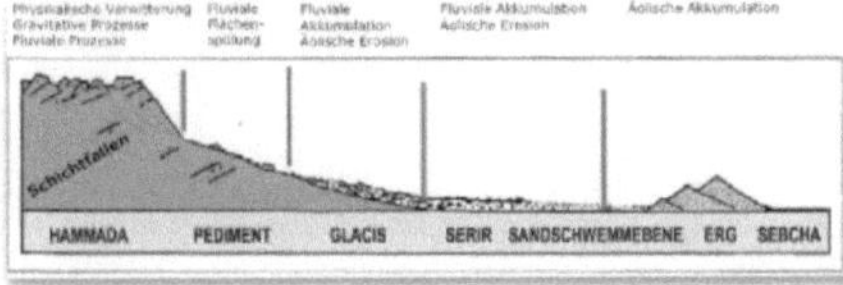

Schichtstufenland

⇨ beeinflusst die Landformen

⇨ besonders, wenn die Schichten unterschiedlich verwitterungsresistent sind und daher unterschiedliche stark abgetragen werden

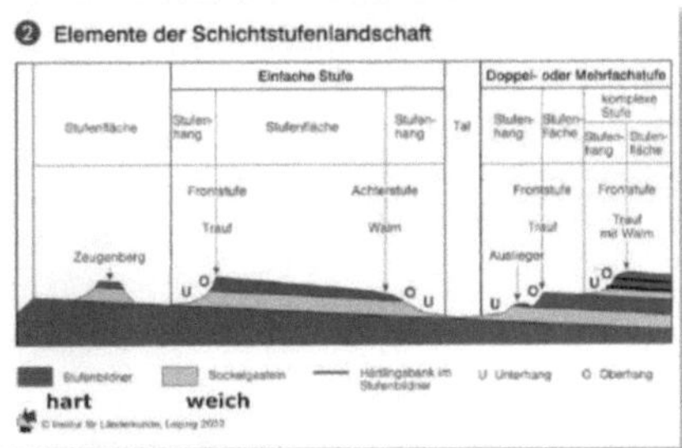

Erscheinungsformen

- Schichttafeln (ebenes Plateau, das an seinen Rändern steil abfällt)
- Schichtstufe
  - Stufenbildner
  - Sockelbildner
- Schichtkämme/Schichtrippen (steiler als Schichtstufen)

Gesamtüberblick

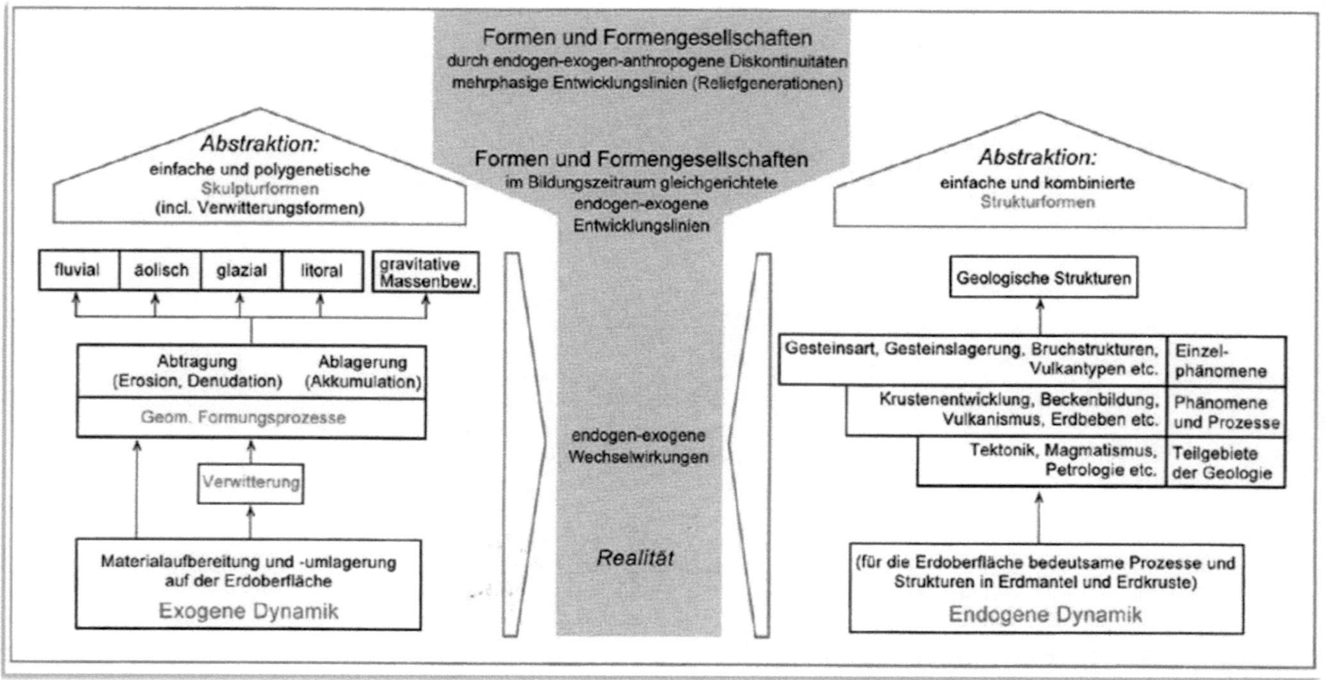

II.   Klimatologie

1   Definitionen und Begriffsklärungen

1.1   Meteorologie – Klimatologie

Meteorologie	Klimatologie
•Lehre von der allgemeinen Beschaffenheit der Atmosphäre •physikalisch (Teilgebiet der Geophysik)	•Lehre von der Beschaffenheit der Atmosphäre in bestimmten Teilgebieten der Erde •Lehre vom Klima mit seiner räumlichen und zeitlichen Veränderung •geographisch, da Raumbezug (Teilgebiet der Physischen Geographie)

1.2   Wetter – Witterung – Klima

Wetter	Witterung	Klima
•aktueller Zustand der Atmosphäre an einem bestimmten Ort •kurzfristig	•mittlerer Wetterablauf für den Zeitraum von Tagen bis Wochen an einem bestimmten Ort •mittelfristig	•mittlerer Zustand der Atmosphäre und gewöhnlicher Verlauf der Witterung an einem bestimmten Ort •langfristig

⇨ „Die Witterung ändert sich, während das Klima bleibt." (Wladimir Köppen)

1.3   Klimaelemente – Klimafaktoren

Klimaelemente	Klimafaktoren
•physikalisch messbare Erscheinungen der Atmosphäre •Temperatur •Luftdruck •Niederschlag	•geographische Gegebenheiten, die das Klima beeinflussen •Erdbahnparameter •Strahlung •Relief, Höhenlage, Luv-Lee-Situationen •Vegetation

1.4 Teilgebiete der Klimatologie

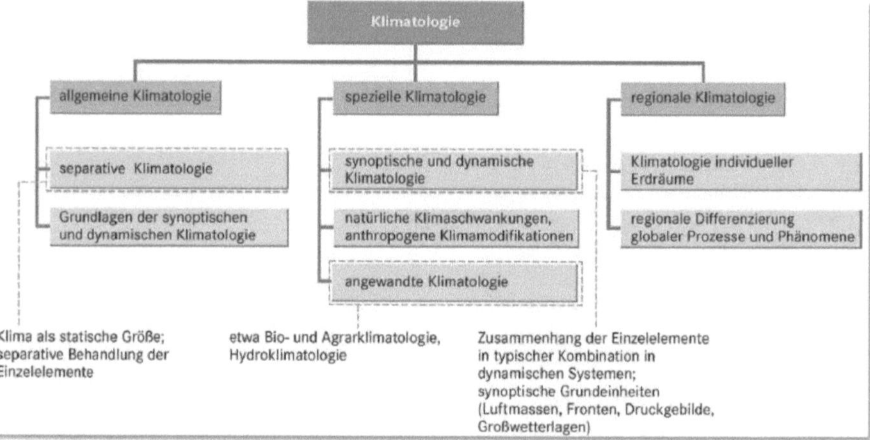

1.5 Räumliche Dimensionen des Klimas

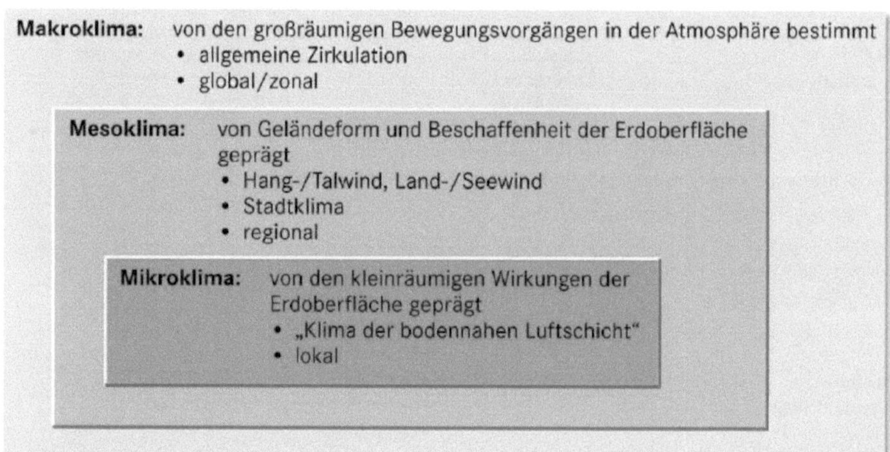

2   Klimasystem

Das System Erde besteht aus vielen Teilsystemen, die miteinander in Wechselwirkung stehen:

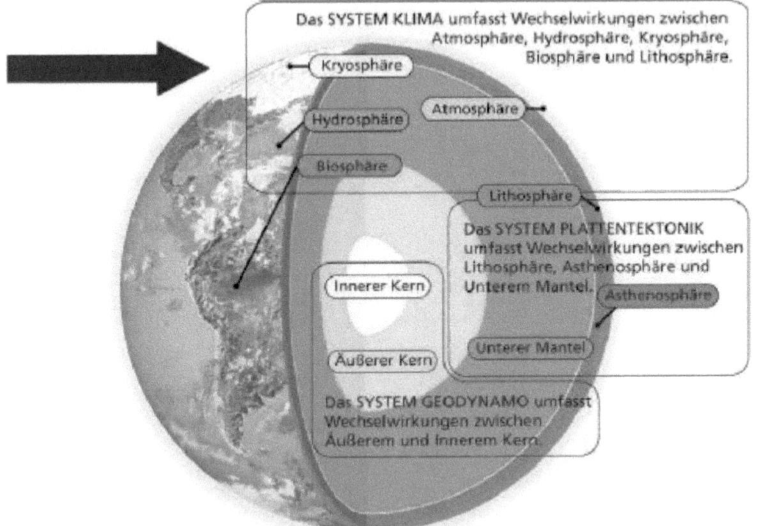

Durch die Sonnenenergie angetriebene Komponenten.

Atmosphäre	Die Gashülle der Erde erstreckt sich bis in eine Höhe von etwa 100 km.
Hydrosphäre	Die mit Wasser bedeckten Teile der Erdoberfläche und damit die Ozeane, Binnenseen, Flüsse sowie das Grundwasser.
Kryosphäre	Die Eiskappen der Polargebiete, Gletscher sowie die übrigen von Eis und Schnee bedeckten Gebiete.
Biosphäre	Alle terrestrischen und marinen Organismen, die auf oder in der Nähe der Erdoberfläche leben.

Durch die innere „Wärmekraftmaschine" angetriebene Komponenten.

Lithosphäre	Die aus Gesteinen bestehende feste Schale der Erde; sie umfasst die Erdkruste und den Oberen Mantel bis zu einer mittleren Tiefe von etwa 100 km; sie bildet die Lithosphärenplatten.
Asthenosphäre	Die sich plastische verhaltende Schicht des Oberen Erdmantels unter der Lithosphäre; sie ermöglicht die horizontalen und vertikalen Bewegungen der Lithosphärenplatten.
Unterer Mantel	Der unter der Asthenosphäre liegende Bereich des Mantels, der von etwa 400 km Tiefe bis zur Kern-Mantel-Grenze in etwa 2 900 km reicht.
Äußerer Kern	Die überwiegend aus flüssigem Eisen bestehende Schale in einer Tiefe zwischen etwa 2 900 km und 5 150 km.
Innerer Kern	Der überwiegend aus festem Eisen bestehende innerste Bereich der Erde zwischen 5 150 km und dem Erdmittelpunkt in 6 370 km Tiefe.

Klimasystem

⇨ Wechselwirkung zwischen

- Atmosphäre (s.u.)
- Hydrosphäre
- Kryosphäre
- Biosphäre
- Lithosphäre

⇨ wesentliche Steuerungs-
   größe:
   Strahlung

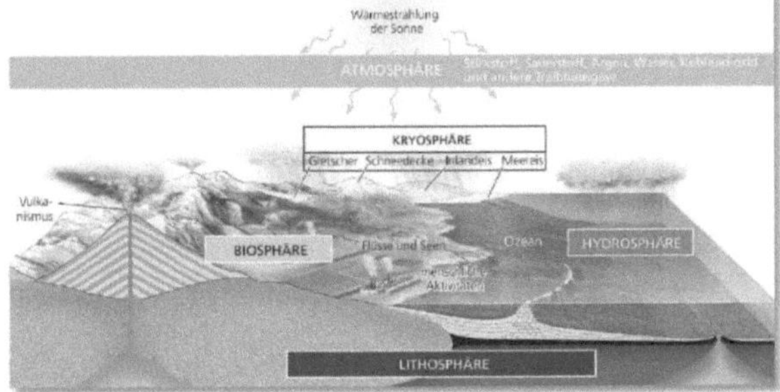

3 Atmosphäre

3.1 Definition „Atmosphäre"

> **Atmosphäre**
>
> • Die Atmosphäre ist die Lufthülle der Erde, die durch die Schwerkraft fixiert ist. Sie besteht aus einem physikalischen Gemisch verschiedener Gase.
> • Es kommt mit zunehmender Höhe zu einer kontinuierlichen Abnahme des Luftdrucks.
> • Die Atmosphäre ist geschichtet und erreicht insgesamt eine Dicke durchschnittlich 100 km.

3.2 Zusammensetzung

- Spurengase
- Treibhausgase
- Wasserdampf
- Aerosole

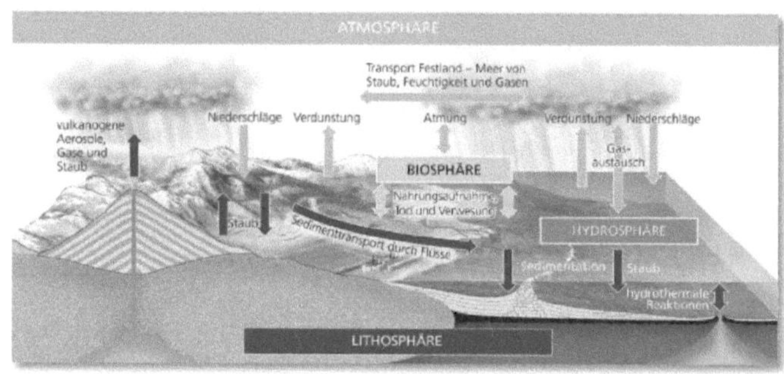

3.3 Aufbau

⇨ aus klimatologischer Sicht sind im Wesentlichen Troposphäre und Stratosphäre von Bedeutung

- **Troposphäre**
  - Temperaturabnahme
  - enthält drei Viertel der Luftmasse und den gesamten Wasserdampf
    - ⇨ hier spielen sich alle Wetter-, Witterungs- und Klimaprozesse ab
- **Tropopause**
  - in 6-8km (Pole)
  - bzw. 16-17km (Tropen)
- **Stratosphäre**
  - Ozonschicht
  - Temperaturzunahme: Ozonschicht reagiert mit UV-Strahlung ⇨ Wärme wird frei

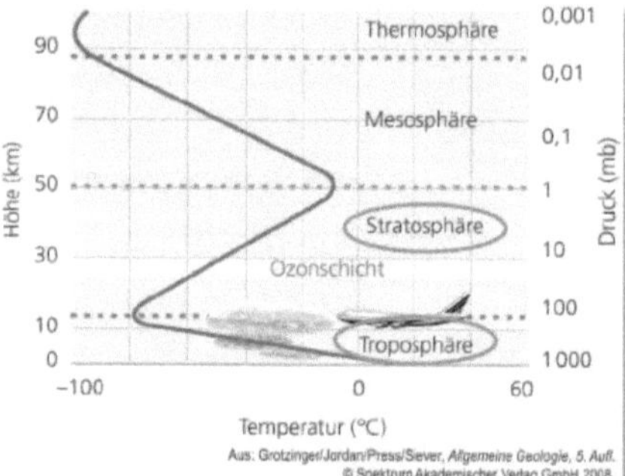

3.4 Zusammensetzung der Troposphäre

⇨ wasserdampf- und aerosolfreie Luft in Bodennähe

- Stickstoff [78%]
- Sauerstoff [21%]
- Argon [0,93%]

Teibhausgase:

- **CO_2 [0,037%, Tendenz steigend]**
  Freisetzung z.B. durch
  - Zersetzungsprozesse
  - Bodenatmung
  - Verbrennung fossiler Energieträger
- **Spurengase** [ppm-Bereich]
  geringste Mengen, aber höchst
  klimawirksam, Tendenz steigend
  - **Methan**
  - **Lachgas**

Ozon [0,03 ppm]
(in Stratosphäre 5-10 ppm = Ozonschicht)

außerdem enthält Luft:

Wasserdampf

- wechselnder Anteil in der Atmosphäre
- einziges Gas, welches alle drei
  Aggregatszustände annehmen kann

Aerosole

- feste Schwebpartikel, Stäube, Ruß
- starke raum-zeitliche Schwankungen

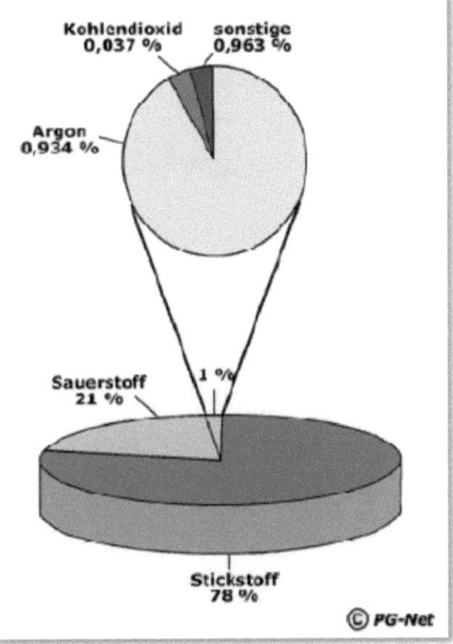

Quelle: http://www.geo.fu-berlin.de/v/pg-net/
klimageographie/medien_klimageographie/
medien_klima_erdatmosphaere/zusammensetzung.gif?
square=0&width=258

4 Strahlungs- und Wärmehaushalt der Erde

Gesamte Energie der Erde stammt von der Sonne, gelangt durch Strahlung auf die Erde

4.1 Astronomische und physikalische Grundlagen

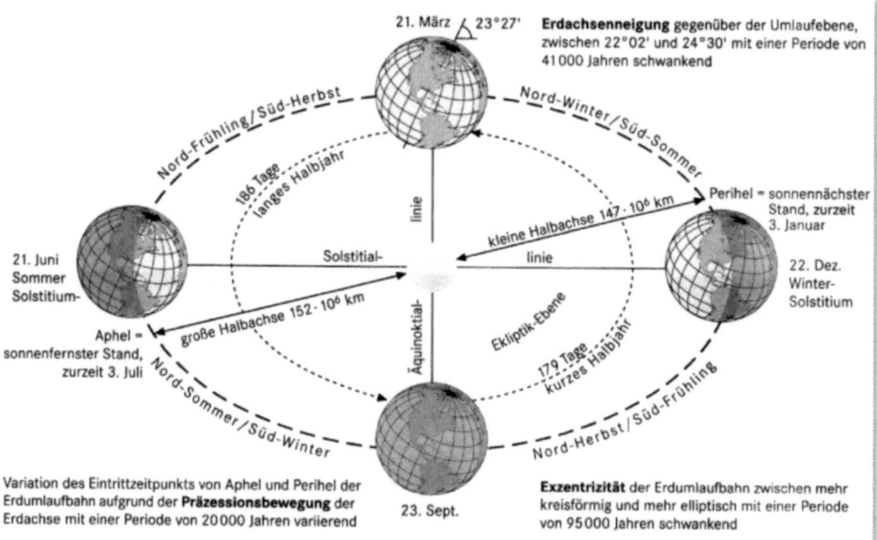

Quelle: Gebhardt et al. 2007

4.1.1 Solarkonstante

Solarkonstante

- Die Solarkonstante ist die Strahlungsenergie der Sonne, die pro Zeit und Fläche im Mittel auf die Erde käme, wenn es keine Atmosphäre gäbe.
- Durchschnitt: ~ 33,5 kWh/m²/Tag

4.1.2 Strahlungsenergie

starke räumliche und zeitliche Schwankung der Strahlungsenergiemenge auf der Erde
⇨ abhängig von Strahlungsdauer und Einfallswinkel

- **Polargebiete**
  extreme Unterschiede in den Jahreszeiten zwischen Polarsommer und Polarwinter (Polartag – Polarnacht)
- **hohe Mittelbreiten**
  große Unterschiede in Jahreszeiten mit Übergangsjahreszeiten (Herbst, Frühling)
- **Subtropen**
  schwächere jahreszeitliche Differenzierung des Strahlungsklimas
- **Tropen**
  geringe Unterschiede im Jahresverlauf
  ⇨ keine strahlungsklimat. Jahreszeiten

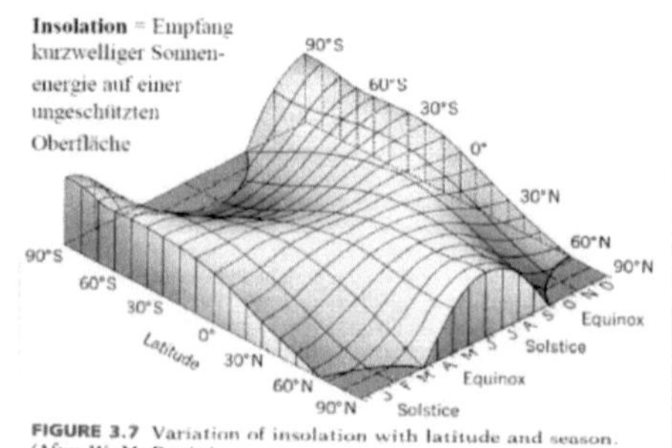

FIGURE 3.7 Variation of insolation with latitude and season. (After W. M. Davis.)

4.2 Strahlungshaushalt

Sonnenenergie erreicht die Erde in Form von Strahlung (= elektromagnetische Wellenenergie).

4.2.1 Energie-/Strahlungsspektrum

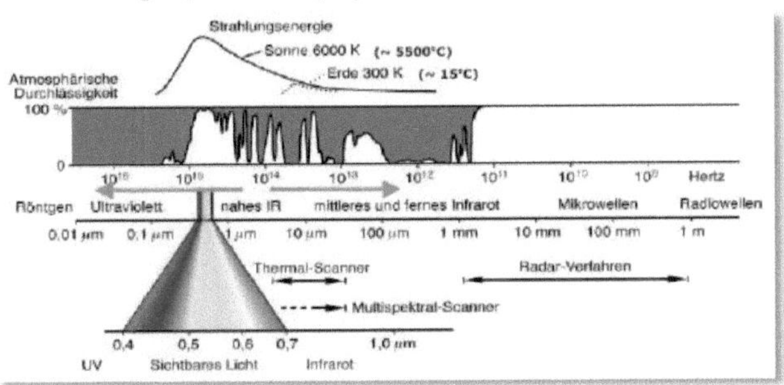

Quelle: http://player.slideplayer.org/3/1340597/
data/images/img12.jpg

- Sonne: heißer Körper ⇨ kurzwellige Strahlung = energiereich
- Erde: kalter Körper ⇨ langwellige Strahlung = energiearm

4.2.2 Strahlungsbilanzgleichung

$$Q^* = (I + H - R) - (E - A)$$

- I = direkte Sonneneinstrahlung (kurzwellig)
- H = diffuses Himmelslicht (kurzwellig)
- R = an Erdoberfläche reflektiert (kurzwellig)
- E = Ausstrahlung Erde (langwellig)
- A = Gegenstrahlung der Atmosphäre (langwellig)

= (168 + 30 - 30) - (390 - 324) = 102
⇨ Überschuss

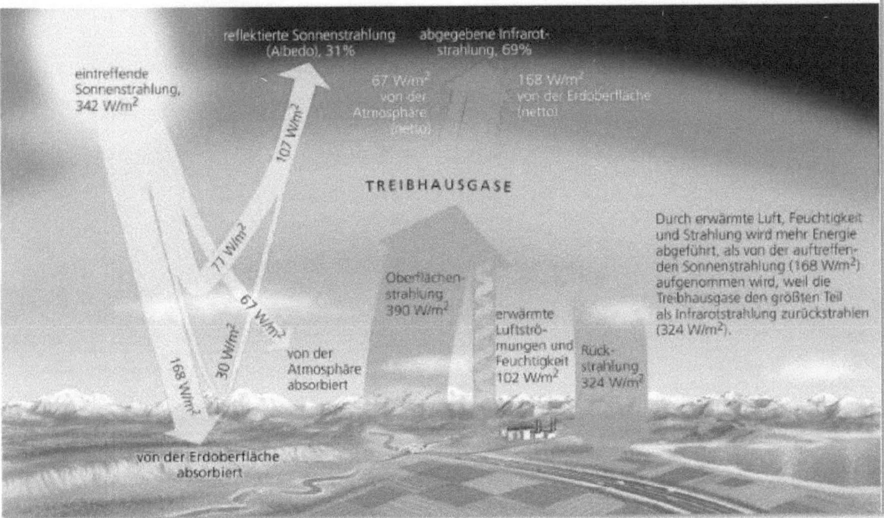

Die Albedo der Erde ist der Sonnenenergieanteil, der von den Wolken (22%) und der Erdoberfläche (9%) reflektiert wird. Die restliche Sonneneinstrahlung wird von der Atmosphäre (20%) und von der Erdoberfläche (49%) absorbiert.

Um das Strahlungsgleichgewicht zu erzielen, gibt die Erde die von der Atmosphäre und der Erdoberfläche absorbierte Wärmemenge in den Weltraum ab.

Quelle: Grotzinger et al. 2008

4.2.2.1 Albedo

Albedo
•Die Albedo ist der von einem Körper bzw. von der Erdoberfläche reflektierte Anteil der einfallenden kurzwelligen (Sonnen-)Strahlung. •Prozentanteil der Strahlungsenergie, die reflektiert wird

- Albedo ist abhängig von der jeweiligen Erdoberfläche:
- Faustregel: je heller die Oberfläche, desto höher die Albedo, je dunkler, desto geringer
  Bsp.:   Schnee ⇨ hell ⇨ hohe Albedo ⇨ hohe Reflexion (95%)
       Wald ⇨ dunkel ⇨ geringe Albedo ⇨ geringe Reflexion (5%)

4.2.2.2 Abstrahlung

- ein Teil der einkommenden Strahlung wird reflektiert oder absorbiert
- die Temperatur auf der Erde nimmt trotz permanenter Sonnenstrahlung nicht zu
  ⇨ **Abstrahlung**
- die verschiedenen atmosphärischen Gase haben einen bestimmten Spektralbereich, bei dem sie ein hohes Absorptionsvermögen besitzen
- die absorbierte Strahlungsenergie gelangt wieder zurück auf die Erdoberfläche
- daraus ergeben sich sog. atmosphärische Fenster, wo die Strahlung ungehindert ins Universum gelangen kann

4.2.3 Energiehaushalt von Erdoberfläche und Atmosphäre

Energieüberschuss (vgl. Strahlungsbilanzgleichung) wird für zwei Prozesse verbraucht:

fühlbarer Wärmestrom	•Erwärmung von Luft durch Kontakt mit Erdoberfläche •messbar durch Lufttemperatur
latenter Wärmestrom	•Umwandlung von Wasser in Wasserdampf an der Erdoberfläche •"versteckter" Energietransport von Erdoberfläche in die Atmosphäre

⇨ Komponenten des Wärme- oder Energiehaushalts der Erdoberfläche:

- Strahlungsbilanz
- fühlbare Wärme
- latente Wärme
- Bodenwärmestrom (Energieleitung von der Erdoberfläche in den Boden)

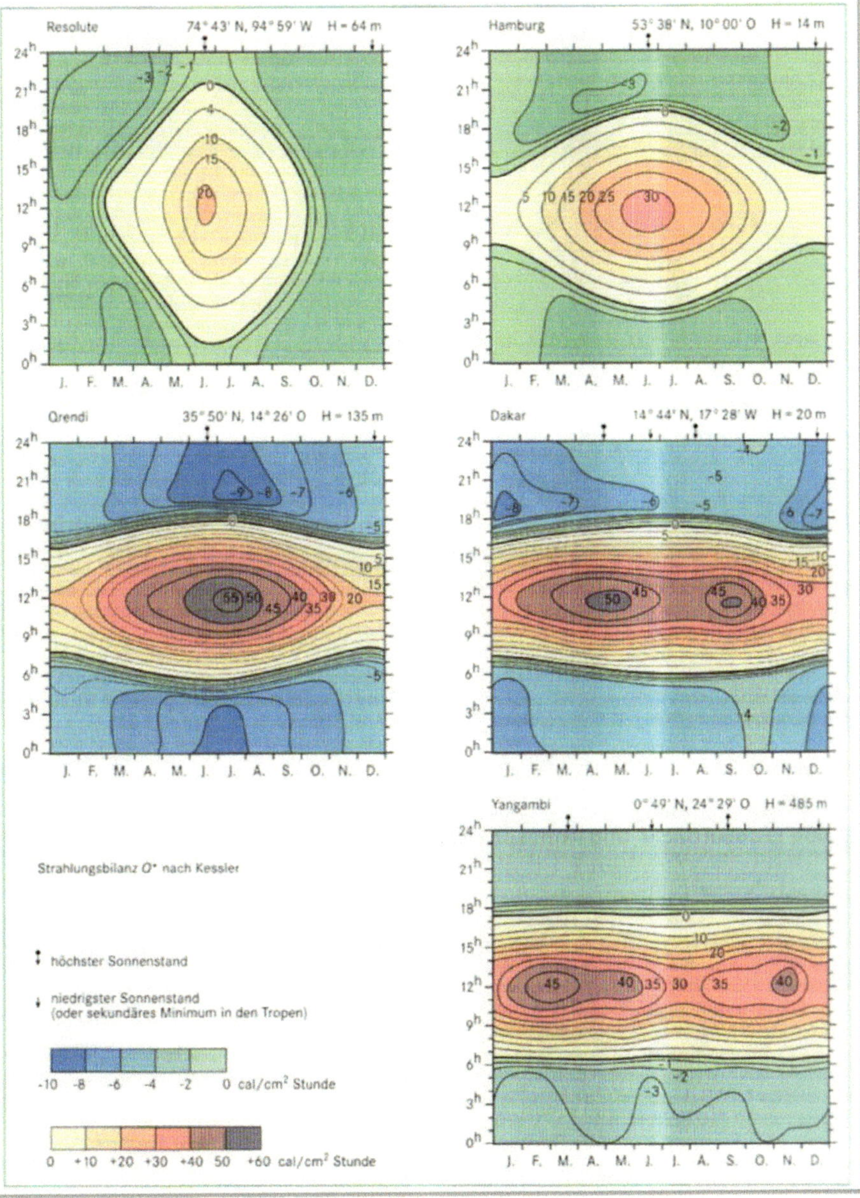
Resolute   74° 43' N, 94° 59' W   H = 64 m
Hamburg   53° 38' N, 10° 00' O   H = 14 m
Qrendi   35° 50' N, 14° 26' O   H = 135 m
Dakar   14° 44' N, 17° 28' W   H = 20 m
Yangambi   0° 49' N, 24° 29' O   H = 485 m
Strahlungsbilanz O° nach Kessler
höchster Sonnenstand
niedrigster Sonnenstand
(oder sekundäres Minimum in den Tropen)
-10 -8 -6 -4 -2   0 cal/cm² Stunde
0 +10 +20 +30 +40 50 +60 cal/cm² Stunde

5   Klimaelemente

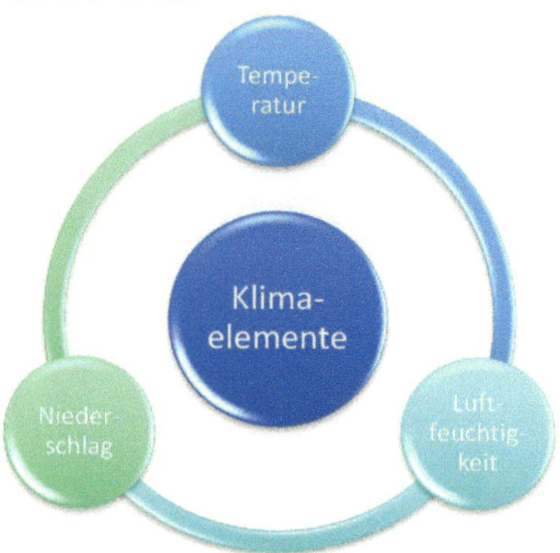

5.1   Lufttemperatur

- Tages- und Jahresgang der Temperaturen
  ⇨ je nach geographischer Breite unterschiedlich
- im ozeanischen Bereich ist die tages- und jahreszeitliche Temperaturschwankung geringer als im kontinentalen Bereich (Wasser als Wärmespeicher)

Tageszeitenklima

- tägliche Temperaturschwankungen sind größer als die jährlichen
- in den Tropen

Jahreszeitenklima

- tägliche Temperaturschwankungen sind geringe als die jährlichen
- in den Außertropen

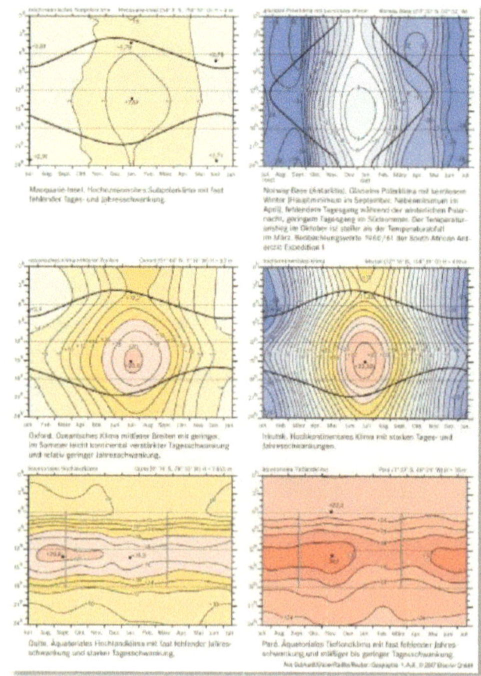

5.2   Wasserdampf

- Wasser befindet sich in der Atmosphäre
  in unterschiedlichen Aggregatszuständen
  - gasförmig als Wasserdampf
  - flüssig
  - fest
- bei der Überführung in einen anderen
  Aggregatszustand wird entweder Energie
  benötigt oder freigesetzt

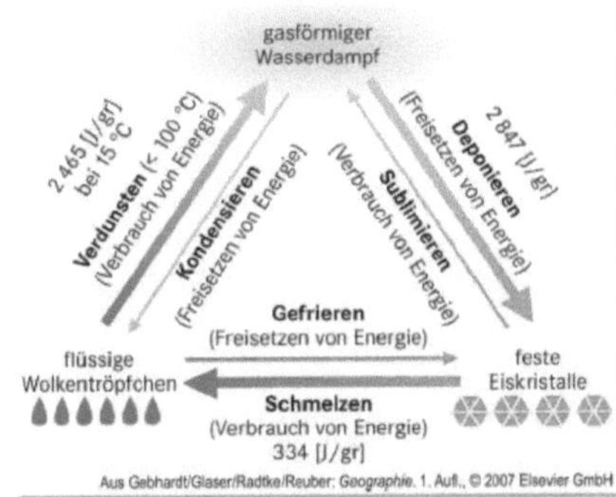

Quelle: Gebhardt et al. 2007

Absolute Feuchte	Relative Feuchte
• tatsächliche Menge an Wasserdampf in g/m³ Luft	• reale/spefische Feuchte im Verhältnis zur maximalen Sättigungsfeuchte der Luft • ⇨ Zu wie viel Prozent ist die Luft wasserdampfgesättigt?

⇨ **Der maximale Wasserdampfgehalt ist temperaturabhängig!**

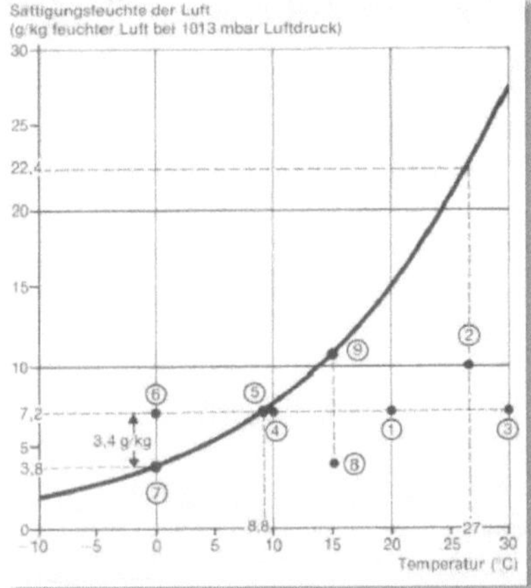

Quelle: Häckl, 1990, S. 44

Taupunkt
• Zustand, bei dem eine feuchte Luftmasse zu 100% gesättigt ist

Kondensation
• Übergang von gasförmigem zu flüssigem Zustand (Energiefreisetzung) • bei Unterschreitung der am Taupunkt herrschenden Temperatur (Abkühlung) kommt es zur Kondensation

5.3   Wolken- und Niederschlagsbildung

Wird ein Luftpaket zum Aufstieg gezwungen (z.B. Gebirge), dehnt es sich aus und kühlt es ab.

Adiabatik

- vertikale Temperaturänderung durch Hebung der Luft

trockenadiabatische Abkühlung

- Abkühlung nicht gesättigter Luft um 1°K/100m
- bis zum Taupunkt (Kondensation)

feuchtadiabatische Abkühlung

- Abkühlung gesättigter Luft um ca. 0,5°K/100m
- Kondensation (= Energiefreisetzung), da die latente Wärme in fühlbare Wärme übergeht

5.3.1   Temperaturgradient der Troposphäre

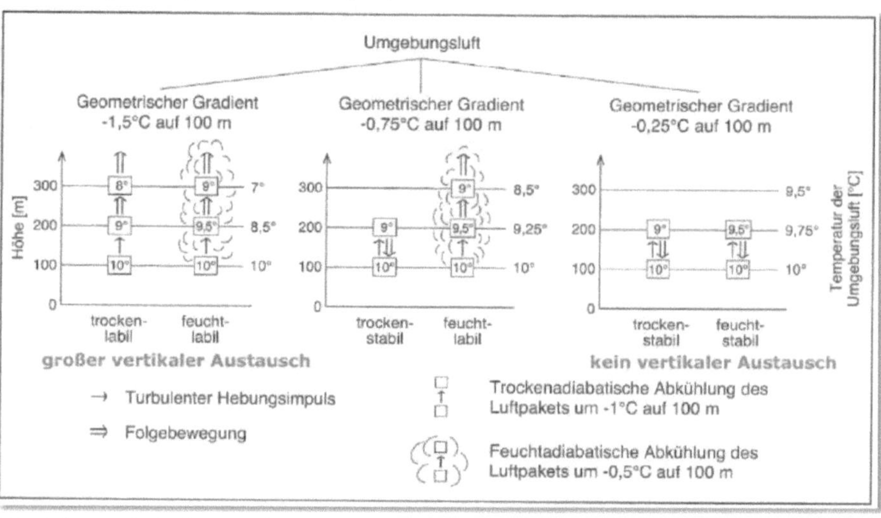

[Eine Luftmasse ist labil, wenn ein weiterer Aufstieg ab dem Kondensationsniveau erfolgen kann.]

- labile Schichtung: hypsometrischer T-Gradient ist > als adiabatischer
- stabile Schichtung: hypsometrischer T-Gradient ist < als adiabatischer

5.3.2   Niederschlagsklassifizierung

Advektiver Niederschlag

- Außertropen
- feuchte Luftmassenzufuhr vom Ozean

Konvektiver Niederschlag

- Tropen
- aufsteigende Luft durch starke Erwärmung

Orographischer Niederschlag

- Gebirge
- ausgelöst durch erzwungene Hebung an einem Hindernis

5.3.3   Klimadiagramme

5.3.3.1   Tropische Niederschlagsregime

Innertropisch-äquatorial immerfeucht   ·   Zenitalregen innertropisch zweigipflig   ·   Zenitalregen randtropisch eingipflig

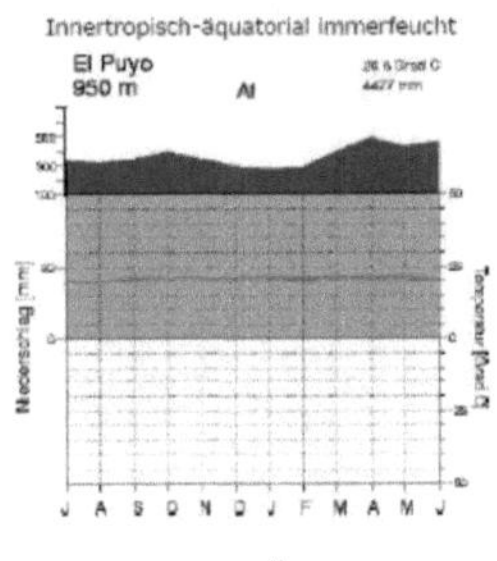
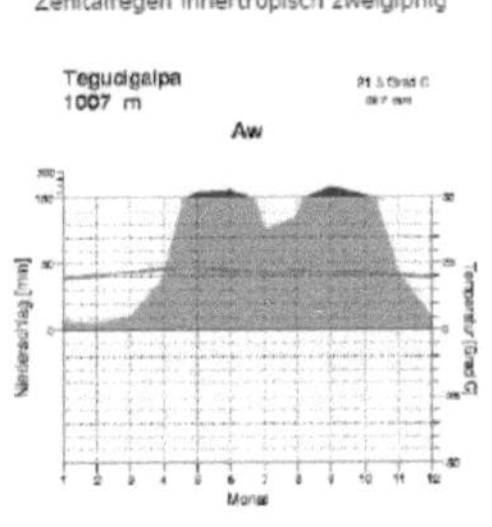
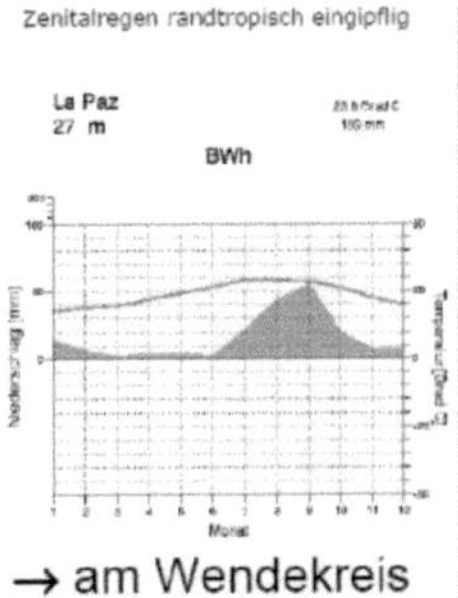

→ am/um Äquator   → zwischen d. Wendekreisen   → am Wendekreis

Tropische Trockengebiete

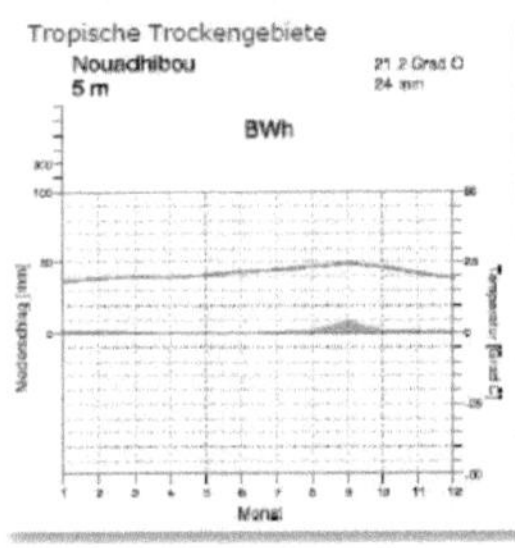

5.3.3.2   Außertropische Niederschlagsregime

subtropische Trockengebiete   ·   mediterrane Subtropen (Westseiten)   ·   immerfeuchte Subtropen (Ostseiten)

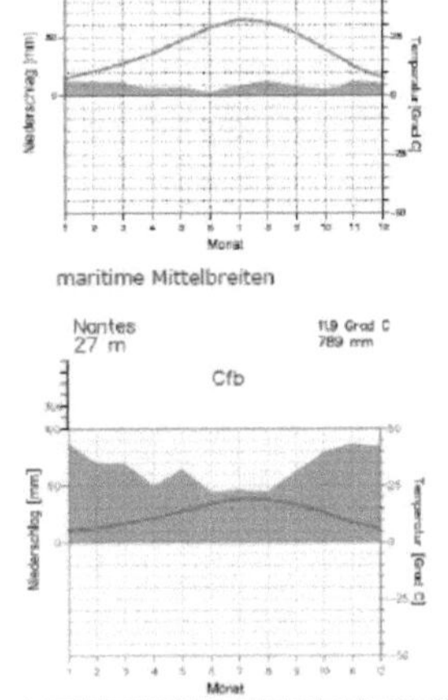
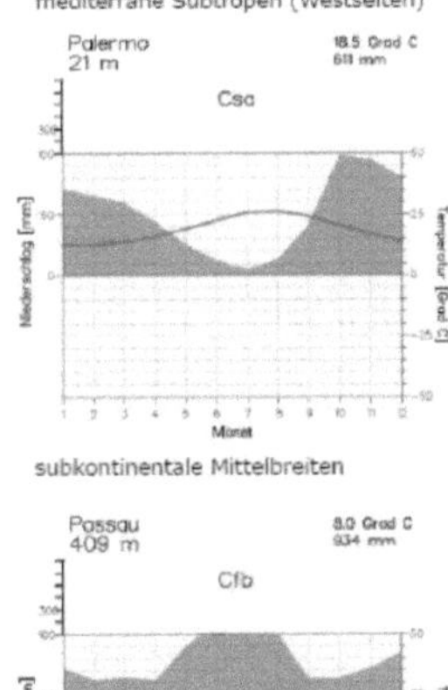
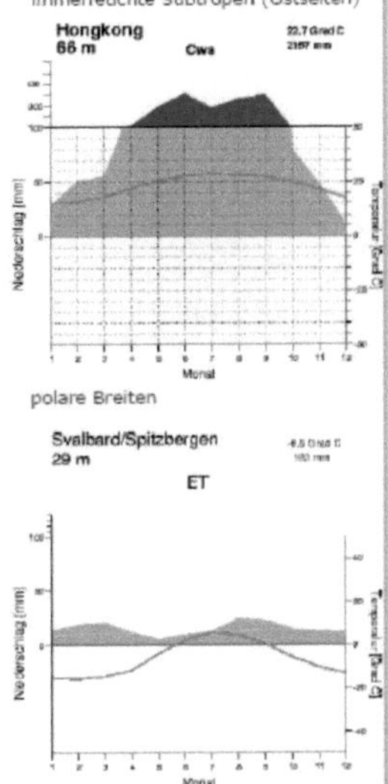

maritime Mittelbreiten   ·   subkontinentale Mittelbreiten   ·   polare Breiten

6   Luftbewegungen

6.1   Entstehung

- Temperaturunterschiede führen zu Druckunterschieden in der Troposphäre
- Es gibt die Tendenz zum Ausgleich dieser Druckunterschiede
  ⇨ **Winde**

Quelle: Lauer 2004, 107

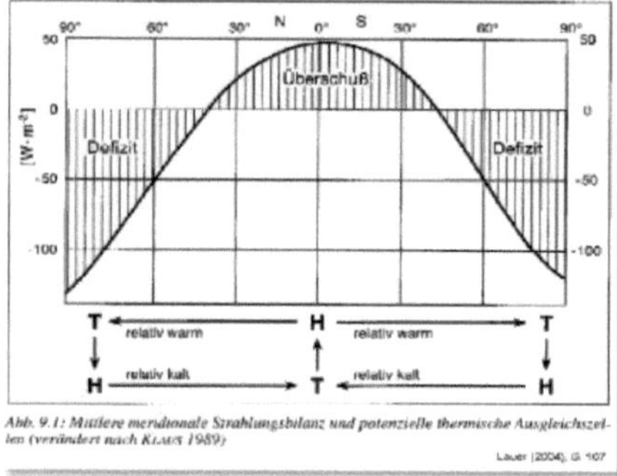

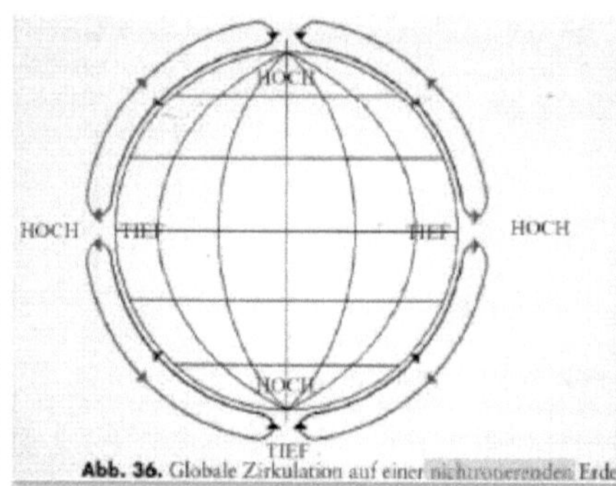

Abb. 36. Globale Zirkulation auf einer nichtrotierenden Erde

6.2   Überblick über wirksame Kräfte

Gradientkraft G

- Ausgleichskraft vom Hochdruck zum Tiefdruck
- H ⇨ T

Corioliskraft C

- Ablenkung von Luftmassen aufgrund der **Erdrotation**
- wirkt immer im rechten Winkel zur Bewegungsrichtung
- NHK: Rechtsablenkung; SHK: Linksablenkung
- Stärke der Ablenkung steigt mit geographischwer Breite

Zentrifugalkraft Z

- vom Rotationszentrum weggerichtete Kraft

Reibungskraft R

- wirkt entgegen der Bewegungsrichtung
- wirkt in der unteren Atmosphäre

6.3 Horizontale Luftbewegung

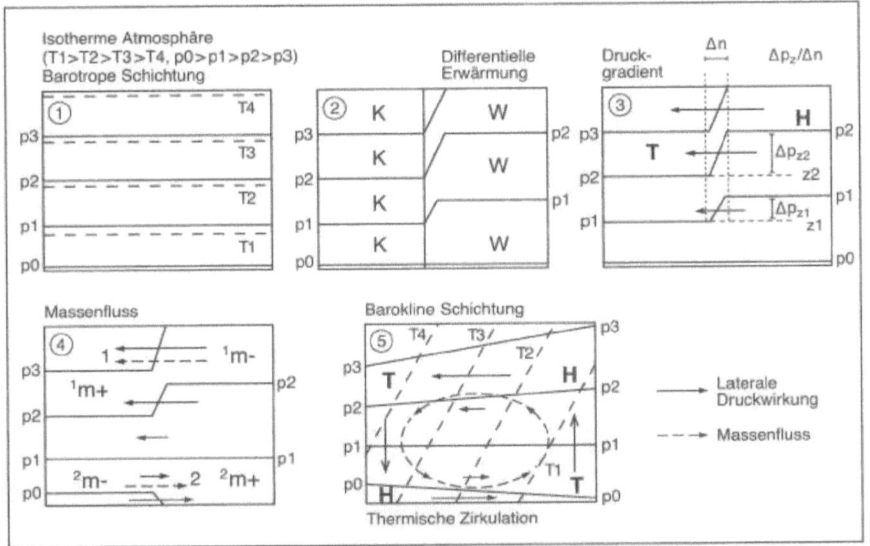

Abb. 8.3: Entstehung einer direkten thermischen Zirkulation (verändert nach WARNECKE 1991)

6.3.1 Kleinräumig

- ausschlaggebend i.d.R. thermische Druckunterschiede
- die Windrichtung entspricht der Gradientkraft

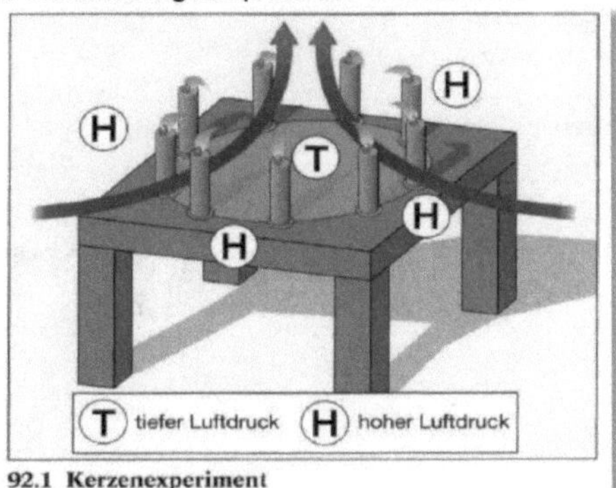

92.1 Kerzenexperiment
aus Bauer, J. et al. 2001: Physische Geographie Kompakt, 92

6.3.2   Großräumig (global)

- ausschlaggebend sind auch hier Druckunterschiede
- Ablenkungseffekt durch Corioliskraft (Erdrotation)

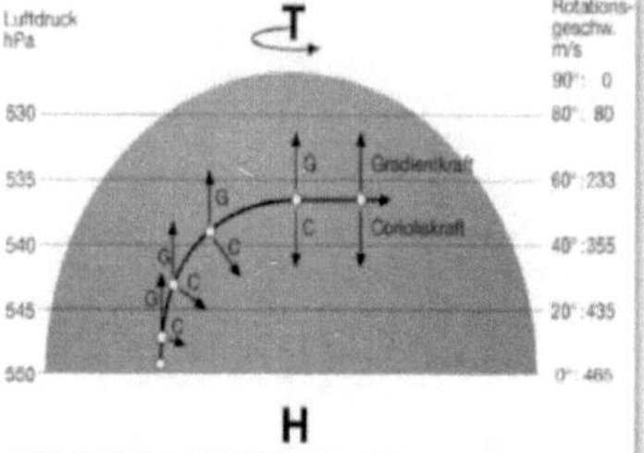

1. **Vereinfachter Fall in 2km Höhe (reibungsfrei)**

- nur Gradientkraft (G) und Corioliskraft (C) wirksam
- Corioliskraft lenkt die Gradientkraft mit zunehmender geographischer Breite ab, bis ein Gleichgewicht entsteht (G = C)

⇨ isobarenparallele Strömung = **geostrophischer Wind**

Quelle: Gebhardt et al. 2007

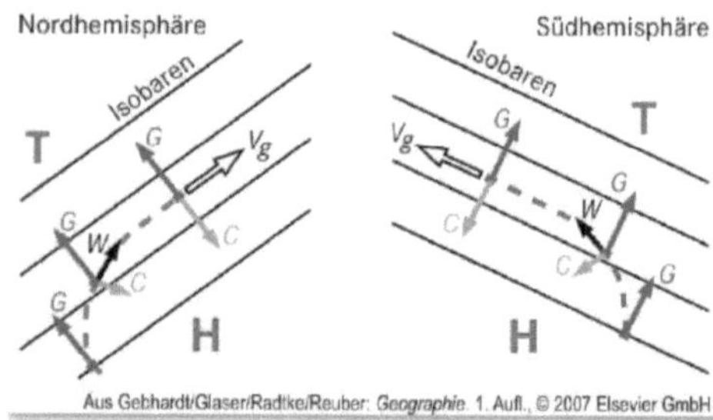

Geostrophischer Wind

- isobarenparalleler Wind
- in höheren Schichten der Troposphäre
- ohne Reibungseinfluss
- keine Änderung der Richtung und Geschwindigkeit, weil G = C

---

2. **Bei gekrümmten Isobaren (z.B. im Einflussbereich von Hoch- & Tiefdruckgebieten)**

- hier ist die Zentrifugalkraft (Z) zur Gradientenkraft (G) und Corioliskraft (C) wirksam
- bei Umströmung eines **Tiefs**:
  - Zentrifugalkraft wirkt **gegen** (-) Gradientkraft
  - Gradientwind ist bei gekrümmten Isobaren **schwächer** als der geostrophische Wind
- bei Umströmung eines **Hochs**:
  - Zentrifugalkraft wirkt **mit** (+) der Gradientkraft
  - Gradientwind ist bei gekrümmten Isobaren **stärker** als der geostrophische Wind

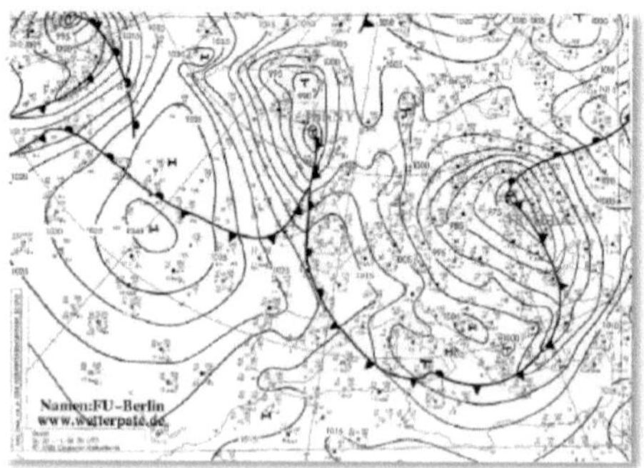

3.   In der unteren Atmosphäre (unter Reibungseinfluss) ⇨ geotriptischer Wind

- der aus dem Gleichgewichtszustand (zwischen G, C und evtl. Z) resultierende Wind wird abgelenkt in Richtung des Tiefs
- somit wird ein partieller Druckausgleich möglich
- größte Ablenkung in Bodennähe
- Ablenkungswinkel ist abhängig von
    - Reibung an der Oberfläche
    - Breitenlage (da C polwärts zunimmt)

    ⇨ In Bodennähe ist die Ablenkung am größten, in größeren Höhen nähert sich die Windrichtung sukzessive der geostrophischen an

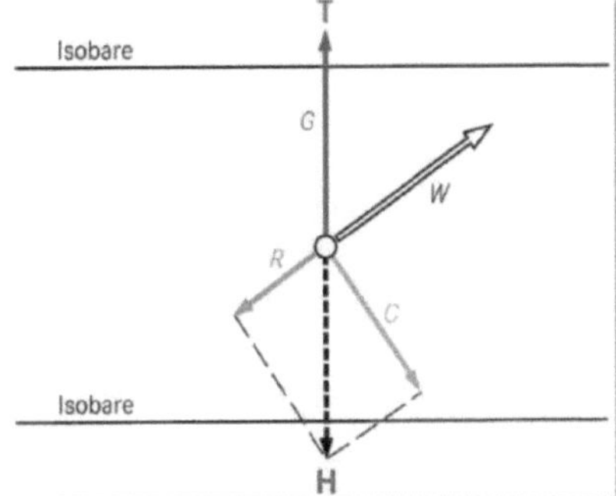

Quelle: Gebhardt et al. 2007

Bodennahe Strömung zwischen Hoch- und Tiefdruckgebieten

Hochdruckgebiete

- Luftaustausch zwischen Hoch und Tief unterliegt der Corioliskraft
- divergentes, antizyklonales Ausströmen von Luft
    - auf NHK: im Uhrzeigersinn
    - auf SHK: entgegen Uhrzeigersinn

Tiefdruckgebiete

- aufgrund bodennahmen Reibungseinflusses entsteht eine zum Tief gerichtete Ablenkung
- konvergentes, zyklonales Einströmen von Luft ins Tief
    - auf NHK: entgegen Uhrzeigersinn
    - auf SHK: im Uhrzeigersinn

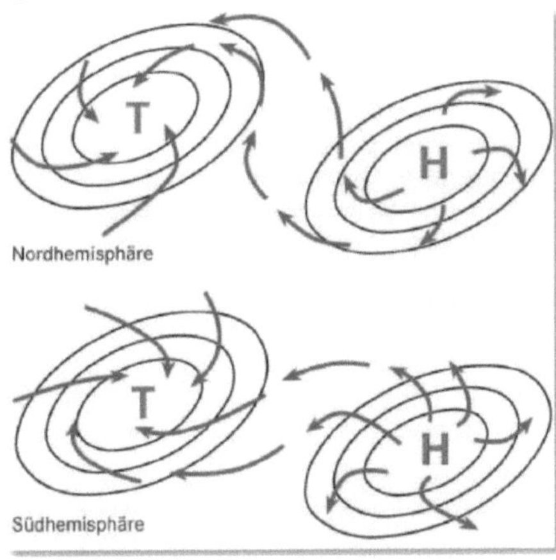

Quelle: Gebhardt et al. 2007

6.4   Vertikale Luftbewegung

Ursachen für vertikale Luftbewegungen

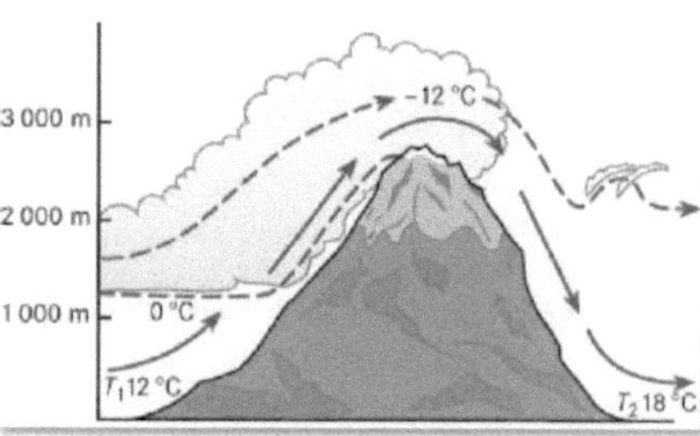

- Orographische Hindernisse (z.B. Berge)
  ⇨ erzwungene Hebung im Luv
  ⇨ Fallwinde im Lee

Quelle: Gebhardt et al. 2007

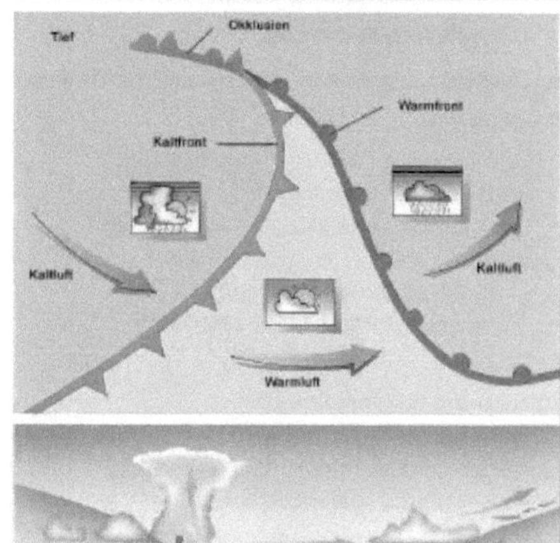

- Heranführen unterschiedlich
  temperierter Luftmassen:
  warme Luft ist leichter, gleitet auf der
  kalten Luft auf und steigt
  ⇨ kalte Luft schiebt sich unter die
  warme Luft

Quelle: www.schulentwicklung.nrw.de/
materialdatenbank/nutzersicht/getFile.php?id=892

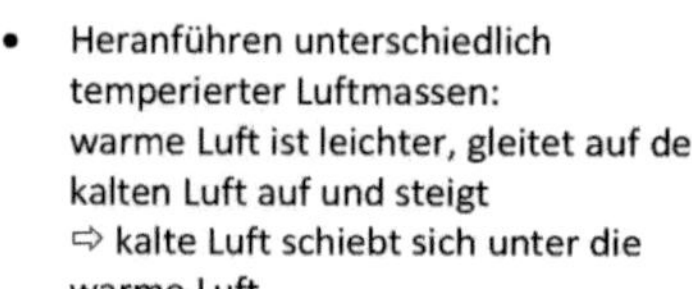

- labile Schichtung

Quelle: Lauer/ Bendix 2006

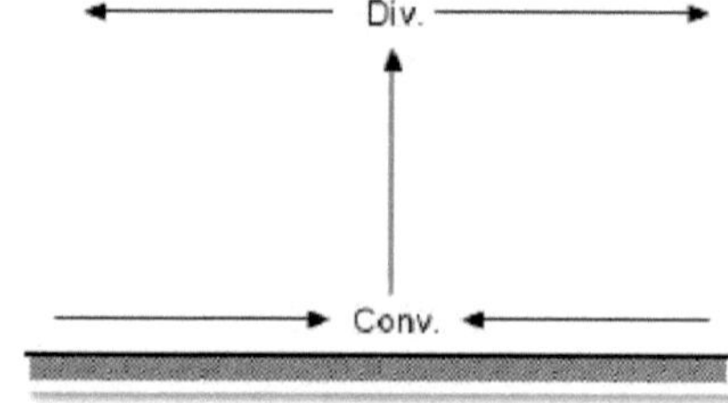

- Vergenzen:
  - Konvergenz (Massenzufuhr) in
    unterer Troposphäre
    ⇨ aufwärts gerichtete Bewegung
  - Divergenz (Massenabfuhr) in oberer
    Atmosphäre
    ⇨ abwärts gerichtete Bewegung

6.5 Drucksysteme

Hinweis: Kleinbuchstaben bezeichnen Hoch- bzw. Tiefdruck thermischer Entstehung

6.5.1 Thermische Entstehung

- **warme Luft** ist leichter
  ⇨ steigt auf
  ⇨ Hitzetief unten, Höhenhoch oben
- **kalte Luft** ist schwerer
  ⇨ sinkt ab
  ⇨ Kältehoch unten, Hitzetief oben

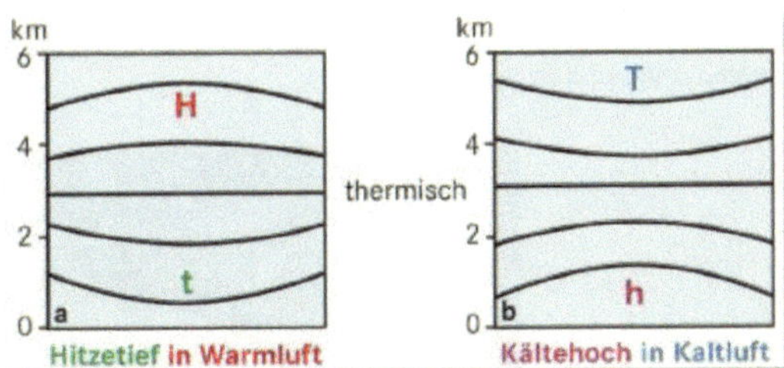

6.5.2 Dynamische Entstehung

- Aufwärts- oder Abwärtsbewegungen der Luft durch Massenzufuhr (Konvergenz) oder Massenabfahr (Divergenz)
- Fortsetzung der Druckbedingungen über die gesamte Luftsäule
- ergeben sich aus der planetarischen Zirkulation (s.u.)

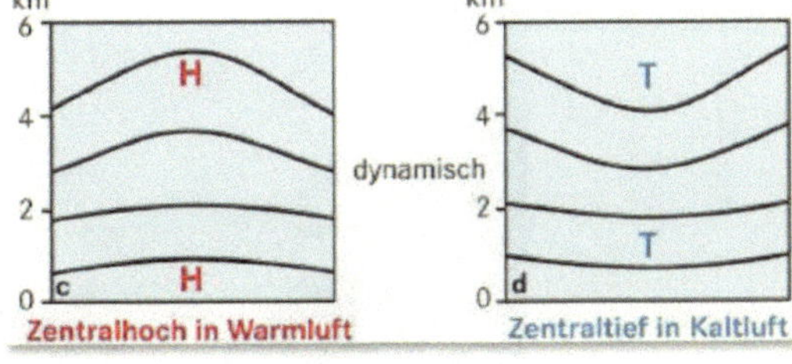

7 Planetarische Zirkulation

7.1 Überblick

7.1.1 Entstehung

Die planetarische Zirkulation entsteht durch Strahlungs-, Temperatur- und Druckgegensätze zwischen äquatorialen und polaren Breiten.

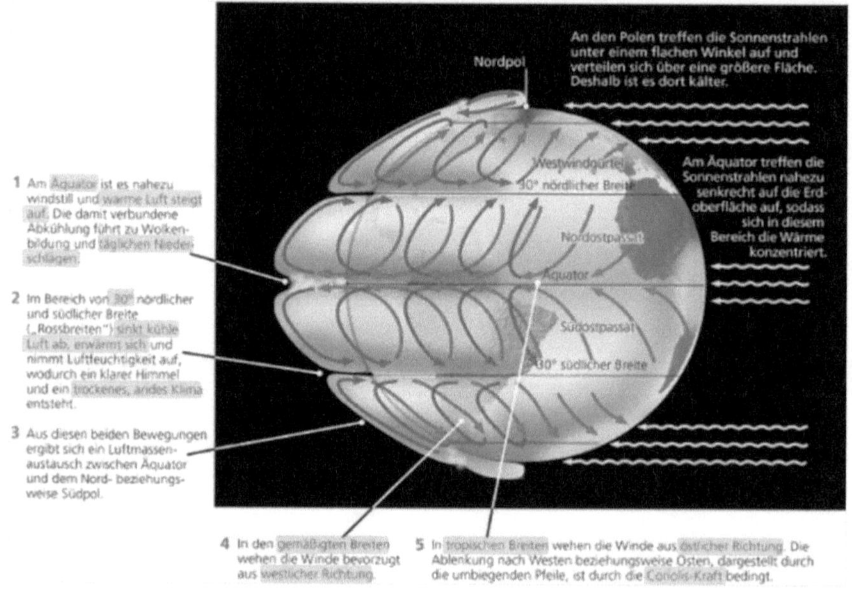

Quelle: Grotzinger et al. 2008

7.1.2 Planetarische Frontalzone

- Übergangsgebiet zwischen der hochreichenden Warmluftsäule über den Tropen und der weniger hochreichenden Kaltluftsäule der polaren Gebiete
- breites Band beständig wehender geostrophischer Westwinde in reibungsfreier oberer Troposphäre
  ⇨ **Jetstreams**
- Druckgefälle nimmt mit der Höhe zu
  ⇨ höchste Windgeschwindigkeiten

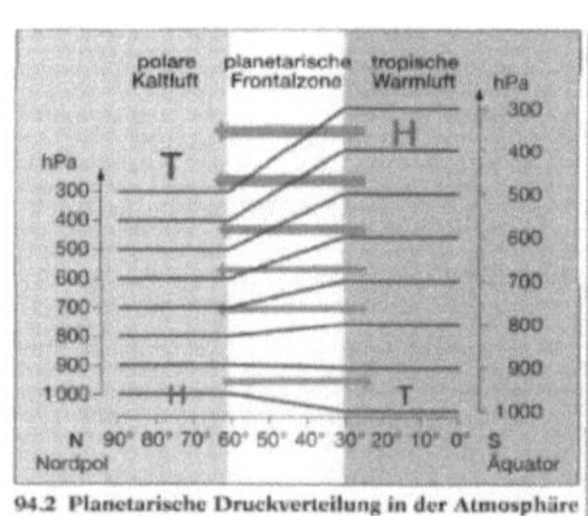

94.2 Planetarische Druckverteilung in der Atmosphäre

7.2   Tropische Zirkulation

- erstreckt sich zwischen den beiden (dynamischen) subtropischen Hochdruckgürteln beider Hemisphären
  = Bereich relativen Tiefdrucks:
  ⇨ äquatoriale Tiefdruckrinne
  ⇨ **innertropische Konvergenzzone (ITZ)**
- (reibungsfreie) höhere Troposphäre:
  geostrophischer Ostwind
- (reibungsbeeinflusste) bodennahe Troposphäre:
  geotriptischer **NO-Passat** bzw. **SO-Passat**

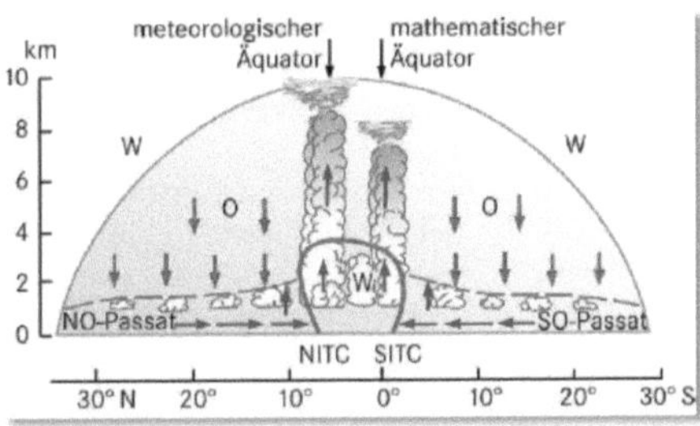

Quelle: Gebhardt et al. 2007

- durch Wandern der ITC wandert auch der „meteorologische Äquator"
  ⇨ Westwinde auf kontinental geprägten Flächen
  ⇨ **Monsune** (Passate, die den Äquator überschreiten): jahreszeitlicher Windrichtungswechsel durch Einfluss der Corioliskraft von > 120°

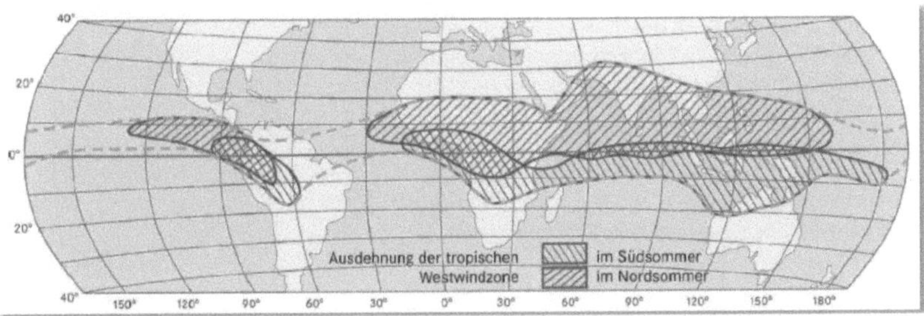

Quelle: Gebhardt et al. 2007

Unterteilung

- **Hardley Zelle** (meridional, N-S)
  aufsteigender Ast an der ITC & absteigender Ast in den Subtropenhochs
- **Walker Zirkulation** (zonal, W-O)
  - aufsteigender Ast an kontinentalen Heizflächen & absteigender Ast im Bereich ozeanischer Kaltwasser
  - unterschiedliche Zirkulation, je nachdem, ob Passate oder Monsune dominieren

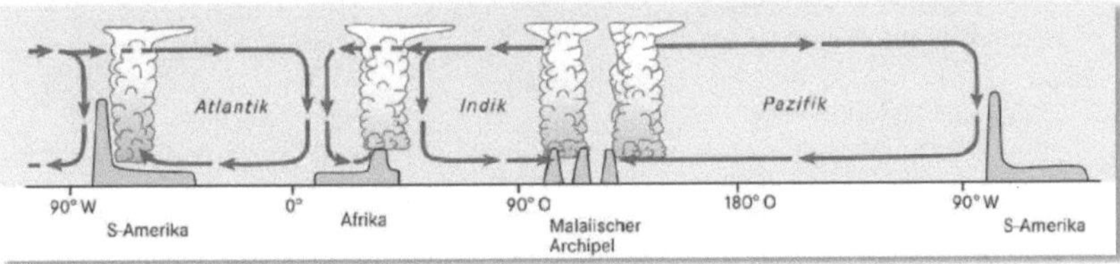

Quelle: Gebhardt et al. 2007

7.3 Außertropische Zirkulation

- Normalerweise dürfte wegen des beständigen Westwinddrift kein Energieaustausch zwischen Pol und Äquator stattfinden
    - ⇨ Pole würden immer weiter abkühlen
    - ⇨ Tropen würden immer weiter aufheizen
- Es findet aber ein Energieaustausch zwischen Pol und Äquator statt:
  Dies geschieht, wenn die Zonalzirkulation in eine Wellenzirkulation übergeht
    - aus der zonalen Zirkulation (a) entwickeln sich unterschiedlich stark ausgeprägte Wellenströmungen (b, c) mit Kaltluftrücken und Warmlufttrögen
    - daraus können sich durch „cut-of-Effekte" zyklonale Kaltlufttropfen und antizyklonale Warmluftinseln abschnüren (d)
- Ursachen für Wellenzirkulation:
    - Temperaturgegensatz von mehreren °C/100km
    - Gebirgszüge quer zur Zonalströmung
      ⇨ stehende Wellen

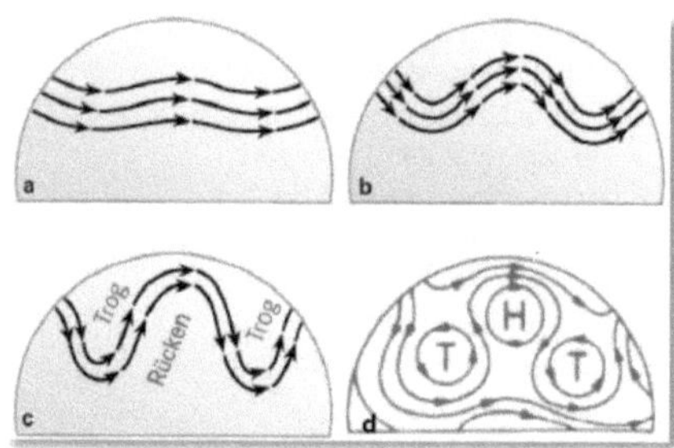

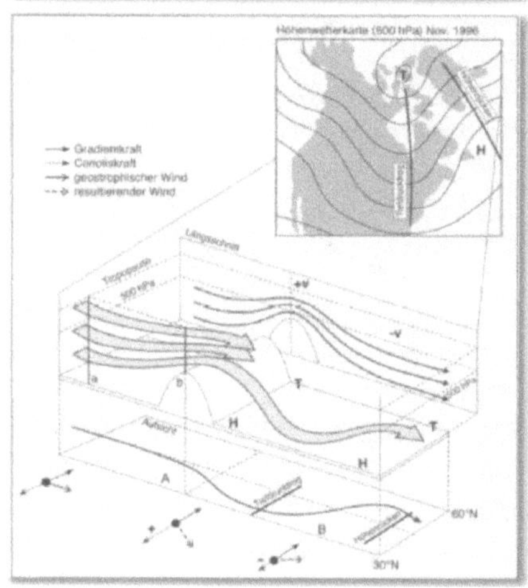

Ausscheren dynamischer Druckgebilde

- Ursache: Corioliskraft ist auf der Polseite des Druckgebildes größer als auf Äquatorseite
    - ⇨ Tiefdruckgebiete nach Norden
    - ⇨ Hochdruckgebiete nach Süden
- Folge:
    - subpolare Tiefdruckrinne
      Bsp.: Island-Tief
    - subtropischer Hochdruckgürtel
      Bsp.: Azoren-Hoch
    - ⇨ begrenzen Westwinddrift zu den angrenzenden Zirkulationssystemen
- diese Druckgebilde und Zirkulationssysteme sind nicht lagestabil, sondern wandern
  Bsp.: Zirkulationssysteme wandern je nach Jahreszeit nord- oder südwärts

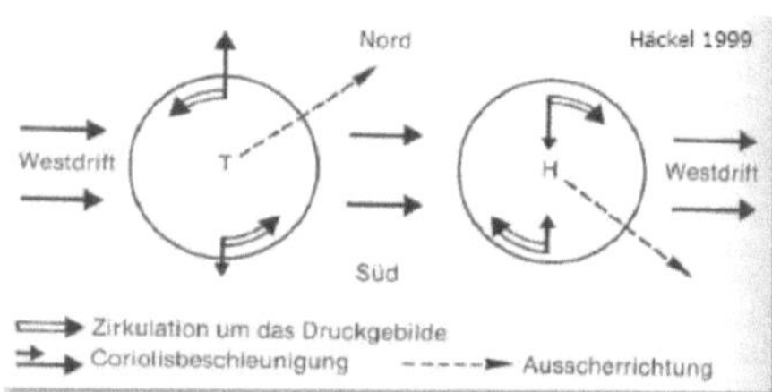

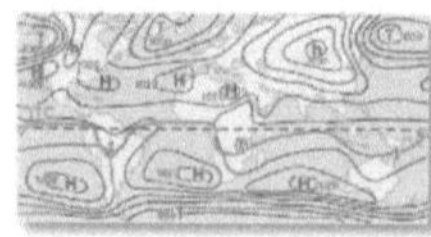

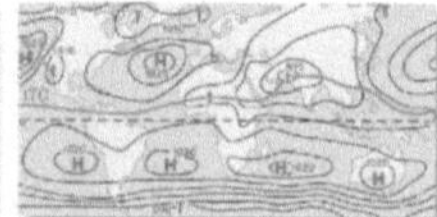

7.4   Planetarischer Überblick

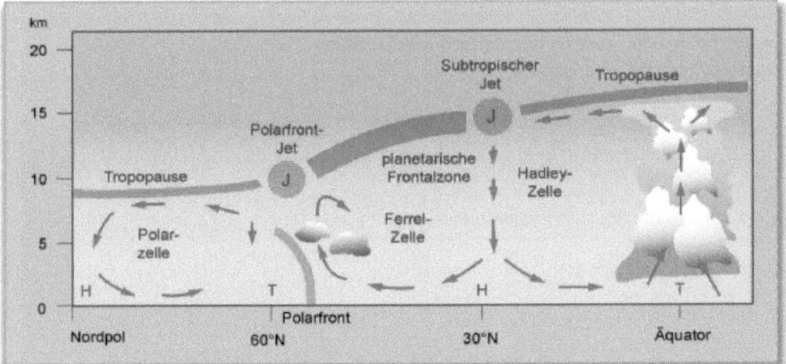

Quelle: http://wiki.bildungsserver.de/klimawandel/upload/Atmosphaerische_zirkulationszellen.jpg

8   Klimaklassifikation

- Ziel:
  - Zusammenfassen von Klimaten mit gemeinsamen Merkmalen
  - übersichtliche kartographische Darstellung
- Unterscheidung

Effektive Klassifikation	Genetische Klimaklassifikation
•beruhen auf messbaren (effektiven) Schwellenwerten wie •Temperatur •Niederschlag •Tageslängenschwankungen •etc	•beruhen auf klimagenetischen Größen •z.B. großflächige atmosphärische Zirkulationsdynamik

9   Mesoklima: Kleinräumige Zirkulationssysteme

- Größenordnung: 100m – 100km
- Abwandlung der großklimatischen Einflüsse durch Erdoberflächeneigenschaften
- beruhen auf räumlicher Differenzierung des Strahlungs- und Wärmehaushalts, z.B.:
  - Nord- vs. Südseite von Hängen/Bergen
  - Land vs. Meer
  - Bodenbedeckung (Wiese erwärmt sich stärker als Wald)
  - Relief

9.1   Landwind – Seewind

- tageszeitliches Windsystem
- beruhend auf unterschiedlicher Erwärmung von Land- und Wasserflächen
- tagsüber:
  - Tiefdruck über Land
  - Hochdruck über Wasser
- nachts:
  - Tiefdruck über Wasser
  - Hochdruck über Land
- an Meeresküsten und großen Seen

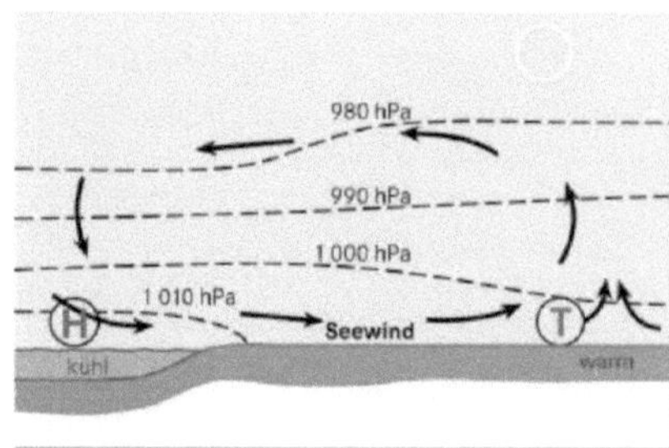

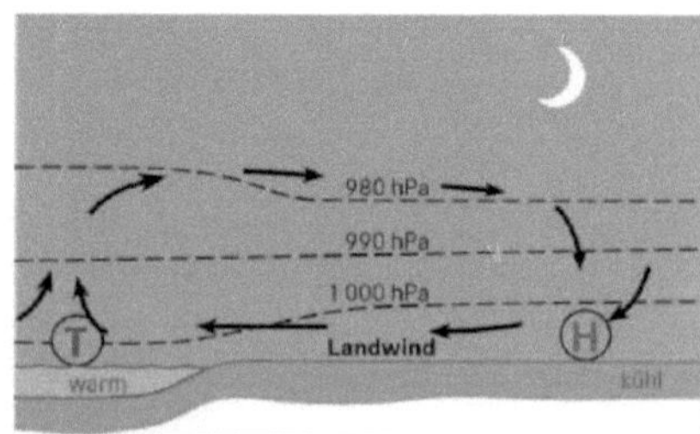

Quelle: Gebhardt et al. 2007

9.2   Hang-Windsysteme

- Einflussfaktoren: Hangneigung und Exposition
- Hänge erwärmen sich tagsüber stärker als Ebenen
  ⇨ Tiefdruck relativ zur freien Atmosphäre
- nachts kühlen sich höhere Lagen stärker ab als Tiefländer
  ⇨ Bergwind (vom Berg zum Tal)

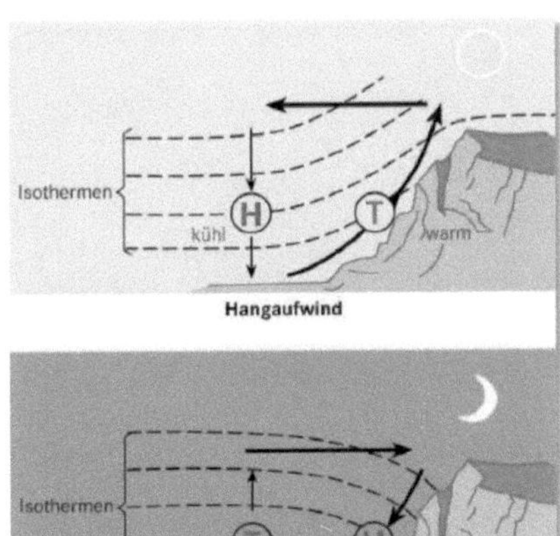

Quelle: Gebhardt et al. 2007

9.3   Berg-Tal-Windsysteme

a) Lage nach Sonnenaufgang
   Einsetzen der Hangaufwinde (rote Pfeile) , Bergwind (blaue Pfeile) ist aber noch im Gang
   ⇨ da es am Berg kälter ist (höher) als im Tal

b) Lage am Mittag
   Mit zunehmender Erwärmung stirbt vormittags der Bergwind und wird von einem Talwind ersetzt, der einerseits den Hangaufwind speist, aber auch selbst Zufuhr aus der Hangwindzirkulation erhält

c) Lage am Abend
   Am Abend setzt der Hangabwind ein, dessen jetzt aufsteigender Ast über der Talmitte noch kurze Zeit den Talwind unterstützt

d) Lage um Mitternacht
   Bei fortschreitender Abkühlung in der Nacht setzt der Hangabwind ein, der Zufluss vom Bergwind erhält

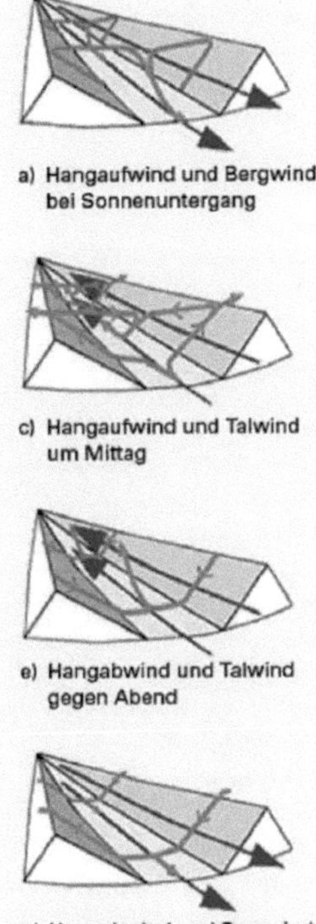

Quelle: www.staedtebauliche-klimafibel.de/images_DE/abb-2-11.jpg

9.4 Föhnwind

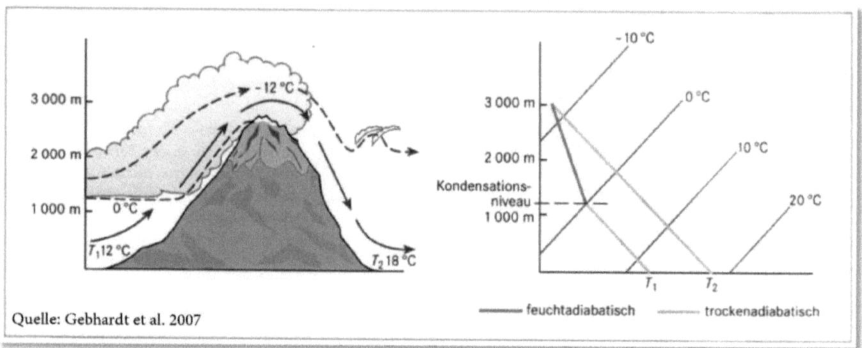

Quelle: Gebhardt et al. 2007

- Trockenadiabatische Abkühlung im Luv eines Gebirges (1°K/100m)
- Kondensationsniveau wird erreich ⇨ Kondensation
- Steigungsregen und feuchtadiabatische Abkühlung der Luft beim weiteren Aufstieg (ca. 0,5°K/100m wegen Kondensationswärme)
- jenseits des Kamms wird die Luft beim Absinken erwärmt

III. Bodenkunde

1 Einleitung

1.1 Begriff Boden (Pedon)

1.1.1 Ökosystematische Stellung des Bodens

„Der Boden (das Pedon) ist ein **Grenzbereich** der Erdoberfläche und das Element der **Pedosphäre** (Bodendecke), in welcher sich Lithosphäre, Hydrosphäre, Atmosphäre und Biosphäre überlagern und durchdringen."

⇨ Boden liegt im Grenzbereich verschiedener Sphären der Erdoberfläche

1.1.2 Abgrenzung des Bodens

„Der Boden ist nach **unten** durch **festes oder lockeres Gestein**, nach **oben** durch eine **Vegetationsdecke oder die Atmosphäre** begrenzt, während er **zur Seite** in **benachbarte Böden** übergeht."

1.1.3 Definition „Boden" (Pedon)

Boden (Pedon)
•Der Boden stellt ein im **Laufe der Zeit** sich unter dem **Einfluss der Umweltfaktoren** weiterentwickelndes **Umwandlungsprodukt mineralischer** und **organischer Substanzen** dar, das höheren Pflanzen als **Standort** dient und die **Lebensgrundlage** für Tiere und Menschen bildet.

1.2 Bodenfunktionen

- **Natürliche Funktionen**
  - Lebensgrundlage und Lebensraum für Menschen, Tiere, Pflanzen und Bodenorganismen
  - Bestandteil des Naturhaushaltes (v.a. Nährstoff- und Wasserhaushalt)
  - Abbau-, Aufbau- und Ausgleichsmedium mit Filter-, Puffer- und Umwandlungseigenschaften
    ⇨ Schutz des Grundwassers
- **Nutzungsfunktionen**
  - Fläche für Siedlung und Erholung
  - Rohstofflagerstätte
  - Standort für land- und forstwirtschaftliche Nutzung
  - Standort für sonstige wirtschaftliche und öffentliche Nutzungen, Verkehr, Ver- und Entsorgung
- **Funktion als Archiv der Natur- und Kulturgeschichte**

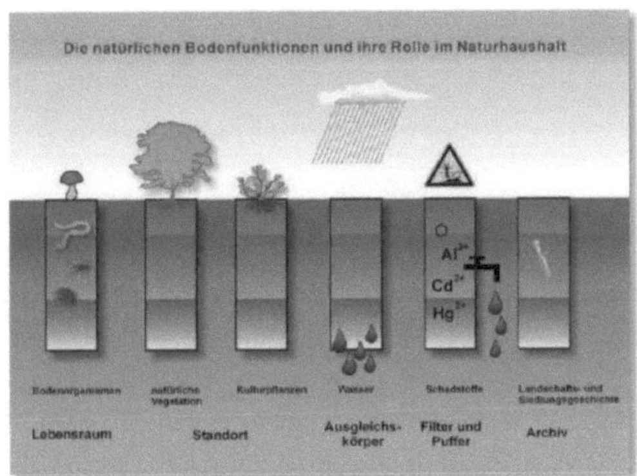

Quelle: https://www.stmuv.bayern.de/umwelt/boden/lernort_boden/
doc/modul_a.pdf, S. 21

1.3   Bezeichnung der Bodenhorizonte

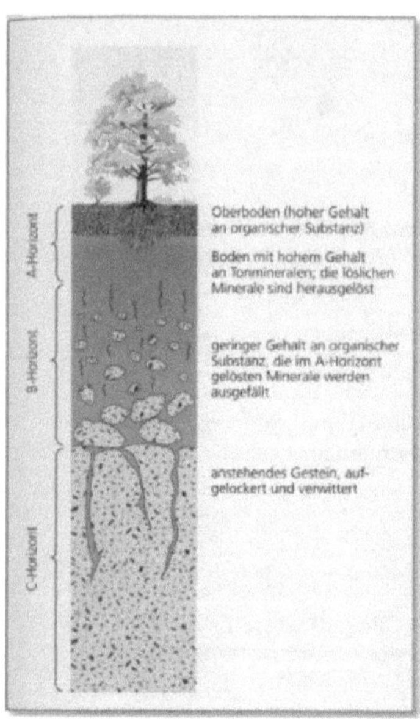

Horizonte durch Großbuchstaben symbolisiert (Hauptsymbole), z.B.

L-Horizont: Streu, weitgehend unzersetzt

O-Horizont: Auflagehorizont über Mineralboden, organisch

A-Horizont: Mineralhorizont im Oberboden mit akkumuliertem Humus und/oder an Mineralstoffen verarmt

B-Horizont: Mineralhorizont im Unterboden mit verändertem Mineralbestand durch Einlagerungen aus dem Oberboden und/oder Verwitterung in situ

C-Horizont: Ausgangsgestein (aufgelockert, verwittert)

- Mächtigkeit ist abhängig von Klima und Zeitdauer der Bodenentwicklung
- Horizontgrenzen je nach Bodentyp scharf oder unscharf ausgebildet

1.4   Überblick über die Pedogenese

Pedogenese: Entstehung und Entwicklung von Böden

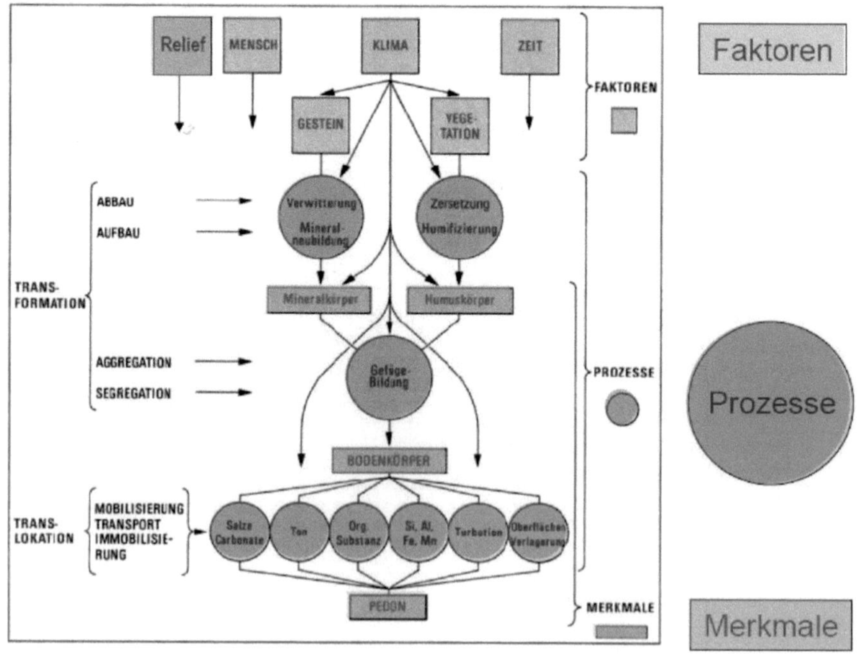

2 Bodenbildende Faktoren

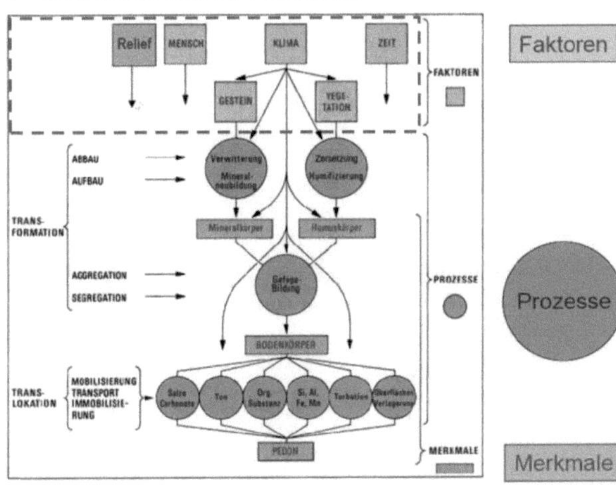

Der Boden ist eine Funktion von bodenbildenden Faktoren:

- Relief
- Mensch
- Gestein
- Klima
- Organismen
- Zeit

2.1 Relief

Vielfältige Auswirkung auf die Bodengenese

- **Exposition**
  z.B. Nord- oder Südseite von Hängen
  ⇨ Änderung des Mikroklimas und der Vegetation
- **Hanggeometrie und -dynamik**
  z.B. Kuppe ⇨ Wasser läuft sofort seitwärts ab
  Senktal/Tal ⇨ Wasser sammelt sich
- **Absolute Höhenlage**
  z.B. wird auf 3000m ein anderer Boden entstehen als auf 2m

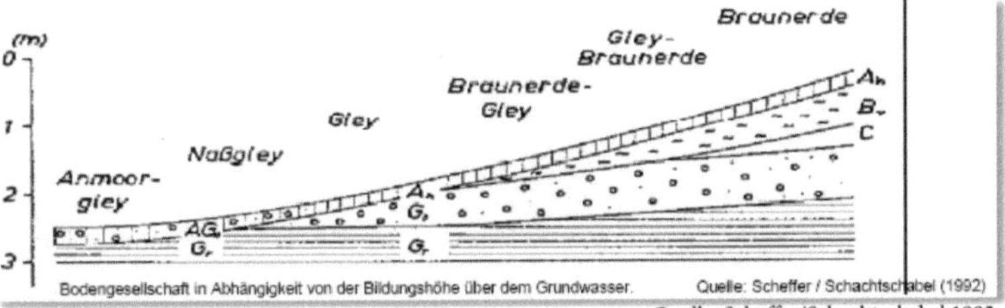

Quelle: Scheffer/Schachtschabel 1992

2.2 Mensch

Das Spektrum der menschlichen Tätigkeit reicht von kaum merklicher Beeinflussung bis zu de facto anthropogenen Böden

- Anbau und Abfuhr bestimmter Feldfrüchte
- Pflugarbeit, Düngung, Kalkung
- Rodung (Vegetationsveränderung ⇨ Erosion)
- Drainage
- Bodenversiegelung (z.B. durch Bebauung)
- Bodenabtrag, -auftrag und Bodendurchmischung
- Schadstoffemission ⇨ Bodenversauerung, Bodenkontaination

2.3 Gestein

Richtung und Intensität der Bodenentwicklung stark abhängig von

- Gefüge (Locker- oder Festgestein, Porosität)
- Mineralbestand und
- Körnung des Ausgangsgesteins

- bei **Lockergesteinen** beeinflusst die Körnung und Lagerungsdichte
  ⇨ die **Permeabilität** (Durchlässigkeit) und somit auch
  ⇨ Lösung
  ⇨ vertikale Verlagerungsprozesse
- Böden aus **Lockergestein** sind meist **tiefgründiger verwittert**
- **Festgesteine** mit groben Gefüge **verwittern** meist **leichter** als Ergussgesteine mit dichtem Gefüge

Vertikale Verlagerungsprozesse

deszendente Prozesse (↓)	aszendente Prozesse (↑)
•nach unten gerichtete Prozessströme (z.B. Wasser, Nährstoffe, gelöste Mineralien, etc.) •die mit Niederschlag eingebrachten Stoffe werden mit dem Sickerwasser absteigend verlagert ⇨ Anreicherung im Unterboden	•nach oben gerichtete Prozessströme •in ariden Klimaten steigt durch die hohe Verdunstung die Feuchtigkeit im Boden und die in ihr gelösten Stoffe nach oben auf ⇨ Anreicherung im Oberboden, evtl. Krusten ausgefällter Stoffe an der Oberfläche

2.4 Klima

wichtigster Faktor ⇨ dominiert großflächig die Bodengenese:

Sonnenenergie wirkt direkt über Atmosphäre und indirekt über Biosphäre auf die Bodenentwicklung

- **Temperatur** (Bodentemperatur)
    - wirkt direkt auf die bodenbildenden Prozesse der Zersetzung, Verwitterung, Mineralbildung und Humifizierung
    - je wärmer, desto schneller verlaufen diese Prozesse
- **Niederschlag**
    - humide Klimate: hohe chemische und physische Verwitterung
      ⇨ deszendente Lösungs- und Verlagerungsprozesse
    - trockene Klimate: erhöhte Verdunstung
      ⇨ aszendenter Bodenwasserstrom und Mineralanreicherung im Oberboden
- **Wind**
    - Potential zur Bodenbewegung (z.B. Saharasand)
    - Ankurbelung der natürlichen Verdunstung

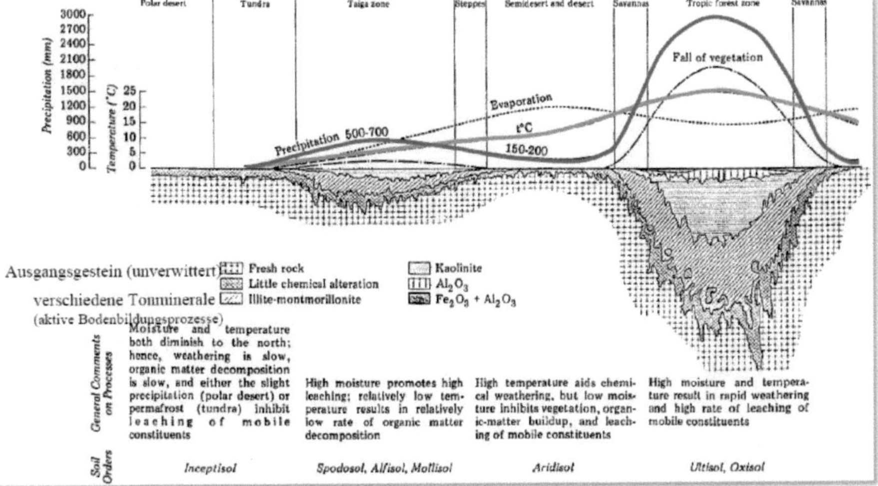

Zonale Bodentypen entlang eines Landschaftszonenprofils:

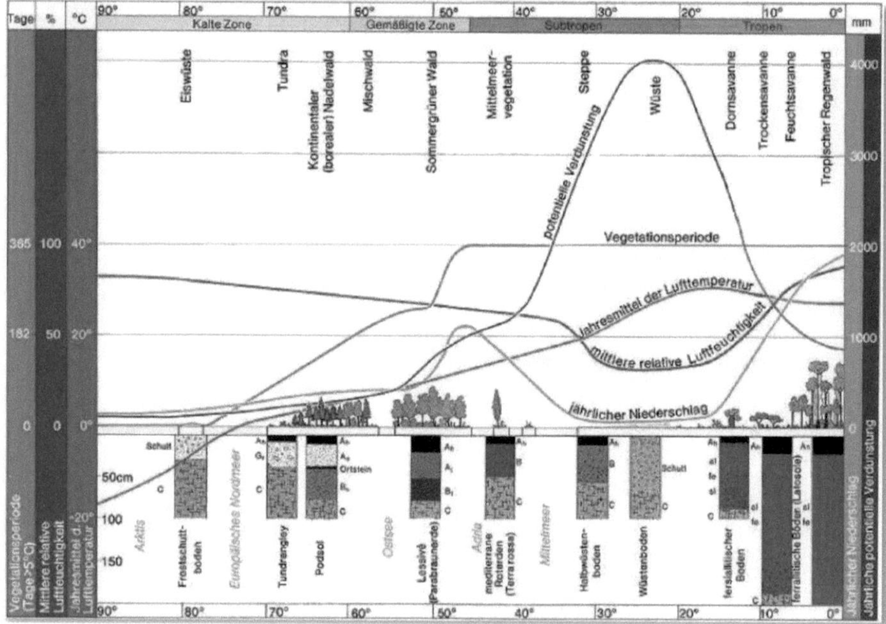

2.5 Organismen

Quelle: http://www2.klett.de/sixcms/media.php/76/landschaftszonen_15.jpg

2.5.1 Vegetation

- Art und Dichte der Vegetationsbedeckung (Infiltration, Evapotranspiration, Erosion etc.)
- Wurzeln (Festigung des Bodens)
- Erhöhung der Infiltration des Sickerwassers durch Wurzelgänge und Röhren abgestorbener Wurzeln
- Streu ⇨ Huminstoffe
- Vegetation
  ⇨ „Ionenpumpe" für mineralische Nährstoffe über Biomasse, Streuproduktion und Mineralisation

2.5.2 Bodenlebewelt (Edaphon)

- Zerkleinerung der Streu, Zersetzung von Tierleichen und Aufbau von Huminstoffen
- Stickstoffkreislauf (durch Bakterien)
- Stickstofffixierung (durch Knöllchenbakterien)
- Nährstofffixierung (Mykorrhiza-Pilz-Symbiose)
- Gefügebildung (Regenwürmer)
- Bioturbation (Regenwürmer, Maulwurf etc.)

2.6 Zeit

- Zeit hat keine energetische Wirkung
- Faktor Zeit (Dauer) bedeutend für die Bodenbildung:
  einige Faktoren können sich im Laufe der Zeit verändern (z.B. Klima, Flora, Fauna, Vegetation, anthropogene Nutzung etc.)

3   Bodenbildende Prozesse

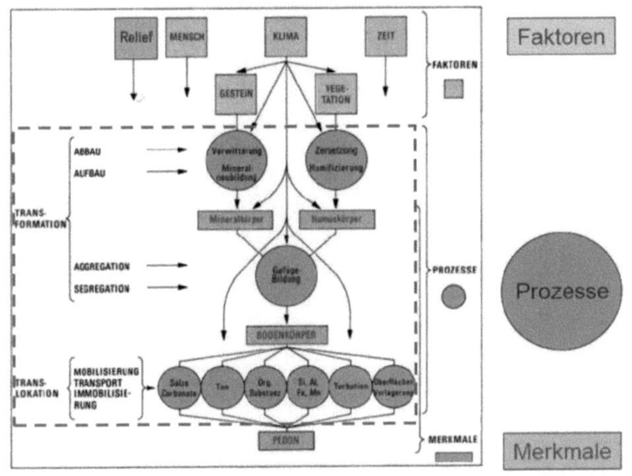

Transformationsprozesse

- Verwitterung
- Zersetzung
- Mineralneubildung
- Humifizierung
- Gefügebildung

Translokationsprozesse

- Salzverlagerung
- Tonverlagerung
- Verlagerung von organ. Substanzen
- Turbation
- Oberflächen-verlagerung

3.1   Transformationsprozesse

3.1.1   Verwitterung

⇨ physikalische, chemische oder biogene Verwitterung

3.1.1.1   Faktoren

Die wichtigsten, die Verwitterung beeinflussenden Faktoren:

	Verwitterungsgeschwindigkeit		
	gering		hoch
Eigenschaften des Ausgangsgesteins			
Löslichkeit der Minerale	gering (z. B. Quarz)	mäßig (z. B. Pyroxen, Feldspat)	hoch (z. B. Calcit)
Gefüge	massig	einige Schwächezonen	stark zer-brochen oder dünnschichtig
Klima			
Niederschläge	gering	mäßig	hoch
Temperatur	kalt	gemäßigt	heiß
Vorhandensein oder Fehlen von Boden und Vegetation			
Mächtigkeit der Bodenbedeckung	keine Bodenbedeckung	geringe bis mittlere Mächtigkeit	groß
biologische Tätigkeit	spärlich	mäßig	hoch
Dauer der Exposition	kurz	mäßig lange	lange

3.1.1.2 Verwitterungsarten

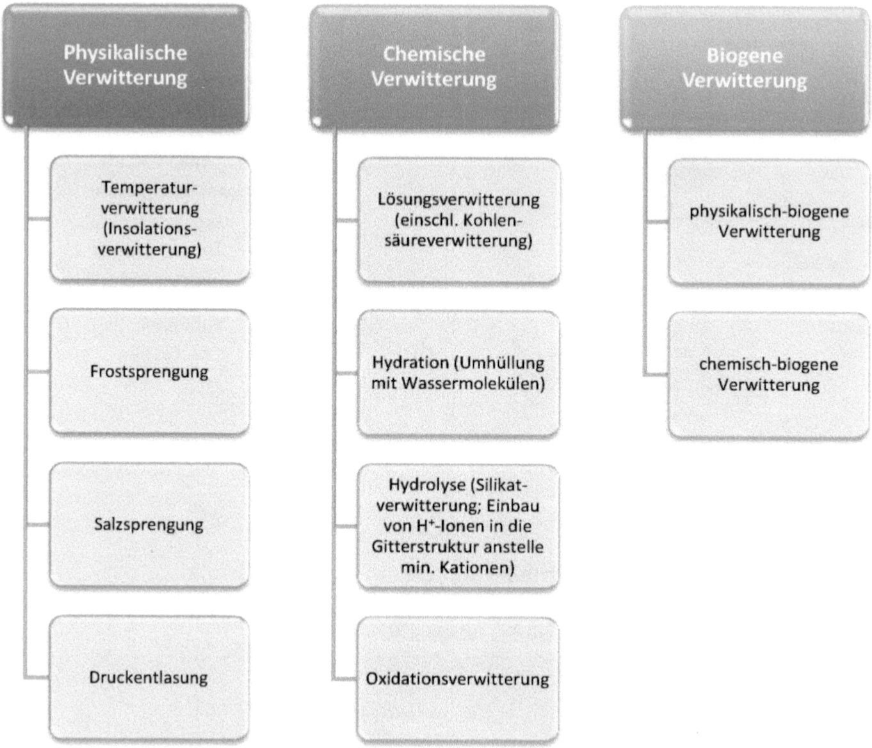

Physikalische Verwitterung	Chemische Verwitterung	Biogene Verwitterung
Temperatur-verwitterung (Insolations-verwitterung)	Lösungsverwitterung (einschl. Kohlen-säureverwitterung)	physikalisch-biogene Verwitterung
Frostsprengung	Hydration (Umhüllung mit Wassermolekülen)	chemisch-biogene Verwitterung
Salzsprengung	Hydrolyse (Silikat-verwitterung; Einbau von H^+-Ionen in die Gitterstruktur anstelle min. Kationen)	
Druckentlasung	Oxidationsverwitterung	

3.1.2 Zersetzung

- Gesamtheit der Ab- und Umbauprozesse, die unter Beteiligung von Organismen in abgestorbener organischer Substanz abläuft
- führt zur Zerlegung in mineralische Endprodukte (Abbau) und/oder in die stoffliche Neuproduktion (Humifizierung)

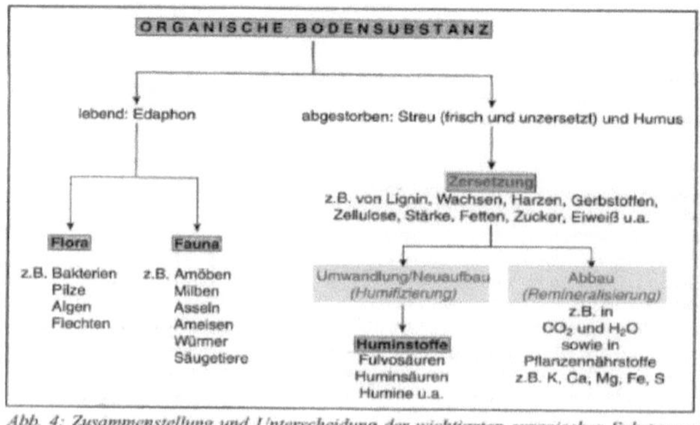

Abb. 4: Zusammenstellung und Unterscheidung der wichtigsten organischen Substanzen im Boden.

3.1.3 Humifizierung

⇨ Aufbau von Huminstoffen

Teilprozess der Huminstoffbildung (nach Zersetzung abgestorbener organischer Substanz)

3.1.3.1 Schematischer Ablauf der Humifizierung

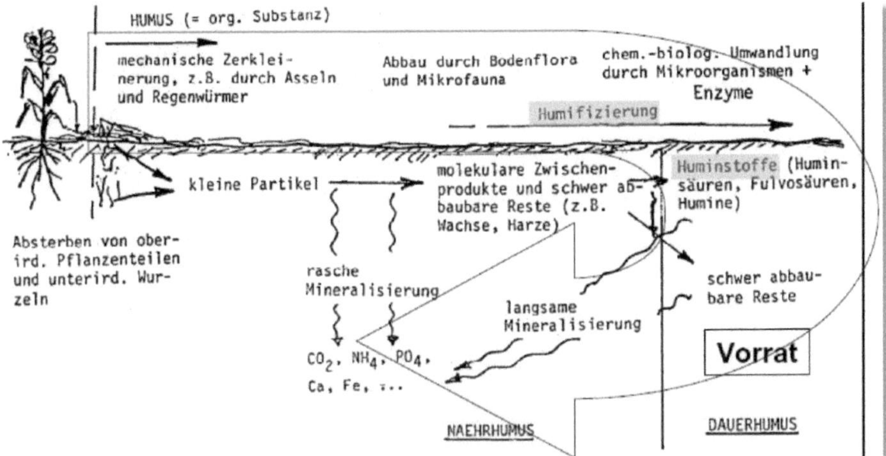

3.1.3.2 Huminstoffe

Huminstoffe sind ein „**Zerfallsprodukt**" der Humusschicht und entstehen aus den Spaltprodukten des Streuabbaus.

Funktionen der Huminstoffe

- Nährstoffversorgung (Ionenanlagerung)
- Nährstoffreserve (Dauerhumus)
- Wasserspeicher

Unterscheidung

Fulvosäuren	Huminsäuren	Humine
•v.a. in Podsolen ⇨ nicht hochwertigen Böden	•v.a. in Braunerden ⇨ hochwertigen Böden	•Alterungsprodukt der Fulvo- und Huminsäuren

3.1.4 Mineralneubildung – Tonmineralneubildung – Verlehmung

Entstehung

- Umwandlung (primärer Schichtsilikate)
- Neubildung (aus Zerfallsprodukten von Schichtsilikaten)

Bedeutung der Tonminerale

sind wichtig für:

- Nährstoffhaushalt
  (Zwischenträger von Kationen wie K, Ca, Mg ⇨ wichtige Nährstoffe)
- können stabile Verbindungen mit Humussubstanzen eingehen
- Wasserhaushalt (Fähigkeit zu quellen und zu schrumpfen)
- sind an Gefügebildung maßgeblich beteiligt

Differenzierung: Zweischichttonminerale – Dreischichttonminerale

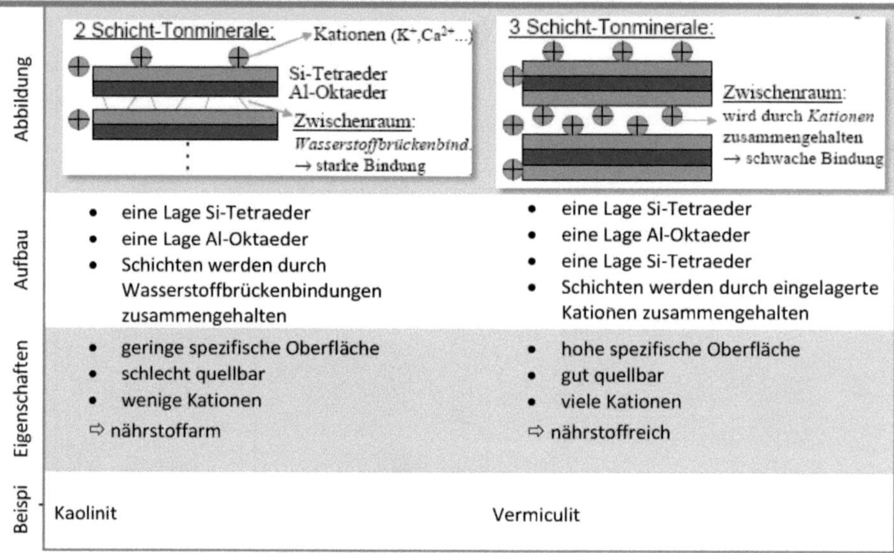

	Zweischichttonminerale	Dreischichttonminerale
Aufbau	• eine Lage Si-Tetraeder • eine Lage Al-Oktaeder • Schichten werden durch Wasserstoffbrückenbindungen zusammengehalten	• eine Lage Si-Tetraeder • eine Lage Al-Oktaeder • eine Lage Si-Tetraeder • Schichten werden durch eingelagerte Kationen zusammengehalten
Eigenschaften	• geringe spezifische Oberfläche • schlecht quellbar • wenige Kationen ⇨ nährstoffarm	• hohe spezifische Oberfläche • gut quellbar • viele Kationen ⇨ nährstoffreich
Beispi	Kaolinit	Vermiculit

Tonmineralumwandlung

Tonminerale können sich umwandeln, z.B.

- durch Versauerung (ab pH 4-5):
  viel freies Aluminium ⇨ 3-Schicht-Tonminerale werden zu Chloriten
- durch Desilifizierung (Abfuhr von Kieselsäure (Si)):
  3-Schicht-Minerale ⇨ 2-Schicht-Minerale ⇨ Gibbsit (z.B. in tropischen Böden)

3.1.5 Gefügebildung

Gefügebildung

•Gefügebildung ist die räumliche Anordnung der unregelmäßig geformten, festen mineralischen und organischen Bodenbestandteile, die sich im Verlauf der Pedogenese einstellt.

Unterscheidung von drei Gruppen

Einzelkorngefüge (Elementargefüge)	Kohärentgefüge	Aggregatgefüge
•nicht miteinander verklebte Primärteilchen ⇨ ungegliedert •Bsp.: Sand	•Primärteilchen werden durch "Kittgefüge" (Rost, Kalk, org. Substanzen) zusammengehalten ⇨ ungegliedert	•separate Körper der Bodenmatrix mit bestimmter Ausprägung, die sich gegen andere abgrenzen und durch Kittsubstanzen oder chem. Verbindungen zusammengehalten werden ⇨ gegliedert

3.1.6 Verbraunung

Verbraunung

•Verbraunung ist die Verwitterung eisenhaltiger Minerale unter Bildung von Eisenoxiden, wobei die freigesetzten Eisenverbindungen eine braune bis rotbraune Färbung des Substrats bewirken.

- zur Eisenfreisetzung kommt es nach
  - Entkalkung und
  - pH-Wert-Absenkung
- braungefärbte Eisenoxide entstehen im Mineralhorizont (B_V-Horizonte)
- Bsp.: **Braunerde** (mit charakteristischem B_V-Horizont)

3.2 Translokationsprozesse

Translokationsprozesse können sowohl **vertikal** als auch **lateral** verlaufen. Außerdem können sie entweder **einzelne Horizonte oder ganze Profile** durchlaufen.

Unterscheidung

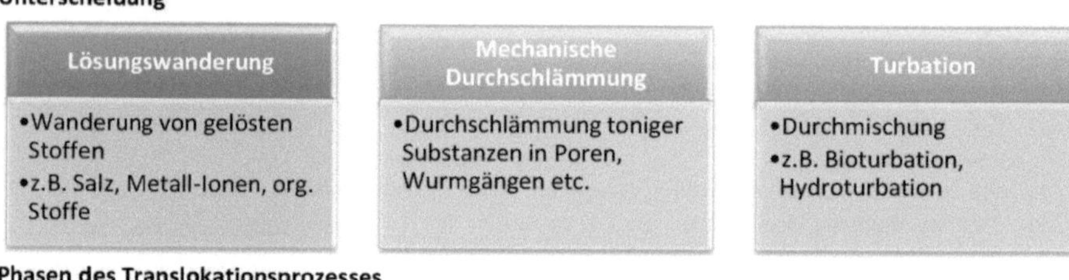

Phasen des Translokationsprozesses

3.2.1 Tonverlagerung (Lessivierung) [↓]

Abwärtsbewegung mineralischer Partikel der Tonfraktion (Ton-Schluff-Sand) im festen Zustand mit dem Sickerwasser. Dies geschieht i.d.R. entlang von Poren und Schrumpfungsrissen.

⇨ profilprägender Prozess der Parabraunerde

- Mobilisierung (Dispergierung, Zerlegung der Tonaggregate in Primärteilchen) bei
    - genügend großer Entsalzung und Entkalkung des Oberbodens
    - ph-Wert zwischen 5 und 7
    - guter Quellfähigkeit der Tonminerale
- Transport im Sickerwasser
    - in Grob- und Mittelporen
    - in Schrumpfungsrissen
- Ablagerung der Tonminerale
    - höhere Salz- oder Kalkkonzentration, Änderung des pH-Werts ins stärker saure oder basische Milieu
    - Poren enden nach unten blind
    - Lufteinschlüsse bringen Sickerwasserfront zum Stillstand

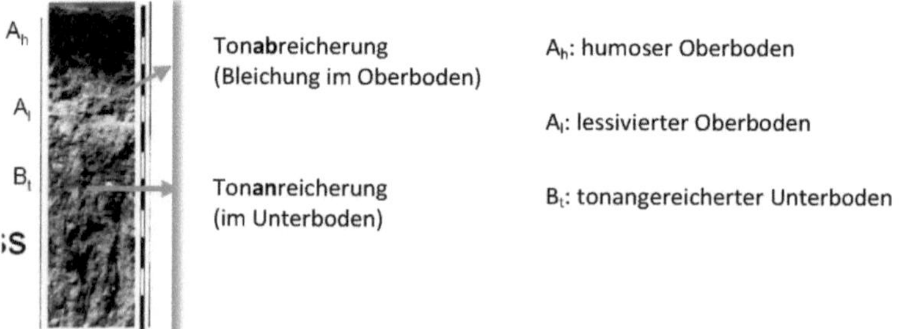

Tonabreicherung (Bleichung im Oberboden)

Tonanreicherung (im Unterboden)

A_h: humoser Oberboden

A_l: lessivierter Oberboden

B_t: tonangereicherter Unterboden

3.2.2 Podsolierung (Verlagerung organischer Substanz und Metalloxiden) [↓]

Verlagerung von v.a. niedermolekularen Verbindungen und wasserlöslichen Huminstoffen (Fulvosäuren)

Verlagerungsform: gelöst, als dispergierte Kolloide, oder als metallorganische Komplexe

⇨ Mitverlagerung von Metalloxiden in tiefere Bodenbereiche ⇨ **Podsolierung**

kurz   abwärtsgerichtete Verlagerung von Huminstoffen sowie Metallionen (Al, Fe) in tiefere
Bodenbereiche
Bsp.: Podsol-Böden

- Mobilisierung
    - kühl-gemäßigtes humides bis stark humides Klima
        ⇨ ausreichend Sickerwasser, niedrige Temperaturen
    - Vegetationsbesatz: vorwiegend Nadelwald und Heidearten
        ⇨ saure Streu, niedriger pH-Wert
    - mangelhafte Zersetzung der organischen Substanz infolge Nährstoff- oder Wärmemangels
- Transport mit dem Sickerwasser
- Ablagerung im Unterboden durch
    - Flockung der Chelate
    - Abnahme der Löslichkeit
    - Zunahme des pH-Werts
    ⇨ bei Verlagerung von metallorganischen Komplexen werden zuerst die organischen Stoffe
    angereichert, weiter unten die Metalloxide

3.2.3 Salz-, Kalk- und Gipsverlagerung [↓, ↑]

Verlagerung von wasserlöslichen Salzen, Calciumcarbonat (und Gips) aus und Auswaschung bzw.
Anreicherung in anderen Bodenbereichen oder Bodenhorizonten.

- **Tagwasserversalzung** [↓]
    deszendent (Sickerwasser)
- **Grundwasserversalzung** [↑]
    aszendent (arides Klima oder Anstieg des Grundwassers)
- Prozess der Ablagerung:
    die am schwersten löslichen Substanzen sind diejenigen, die sich am ersten ablagern (ausfällen)

3.2.4 Turbation

Durchmischungsvorgänge

- Bioturbation (z.B. durch Regenwürmer, Maulwurf)
- Hydroturbation (durch Quellen und Schrumpfen)
- Kryoturbation (durch Gefrier- und Tauzyklen)

3.2.5 Oberflächenverlagerung

- makroskalig: z.B. Murgänge
- mikroskalig: z.B. Solifluktion (Bodenfließen)

3.3 Überblick über bodenbildende Prozesse und Klimabedingungen

Klima	nival	subpolar	humid/ kühl-gemäßigt	gemäßigt-kühl	mäßig-warm	wechsel-feucht/ warm-heiß	dauer-feucht-heiß	semihumid-kühl/ semiarid-heiß	semiarid/ warm-heiß	arid-heiß	extrem arid/ heiß
Zonale horizont-verwischende Prozesse			—— Kryoturbation ——		——— — — — — — — — — ——			—— Bioturbation ——			
Zonale horizontbildende Prozesse (ohne hydromorphen Einfluß)	keine		—— Tundraboden- und Moorbildung — —				—— Lateritisierung ———				—— keine ——	
				——— Lessivierung ———				——— Serosemierung ———			
				— — — Verbraunung ——— Rubefizierung — — —			—— Tschernosemierung ——			
			—— Podsolierung ———								
	dauernd gefrorener Untergrund — Oberfläche taut nicht auf	Oberfläche taut periodisch auf (Solifluktion)									
Verbreitung [%]	10,8	3,5	11,0	3,3	7,4	11,0	8,2	6,6	9,4		8,8
Intrazonale horizont-verwischende Prozesse					—— Hydroturbation ——						
Intrazonale horizontbildende Prozesse (mit hydromorphem Einfluß)	keine		—— Hydromorphierung: ——			Pseudovergleyung, Vergleyung Auenboden-, Marsch-, Moorbildung		——————————			
			Solodierung			Solonezierung				—— Versalzung ——	
						Vertisolierung (Tirsifizierung)		Planosolierung („Wiesenprozesse")	Takyrierung Solontschakierung		
Verbreitung [%]	–	3,0	8,6			2,2	3,4	2,0	0,8		–

4 Bodenvolumen

Bodenstruktur mit

- Wurzeln
- Bodenkolloiden
- Bodenluft
- Bodenwasser

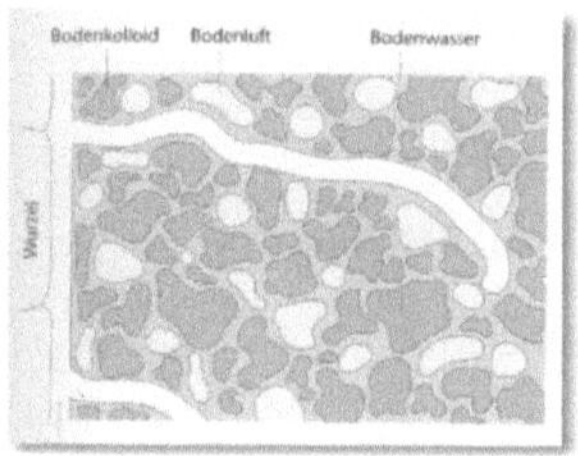

Zusammensetzung

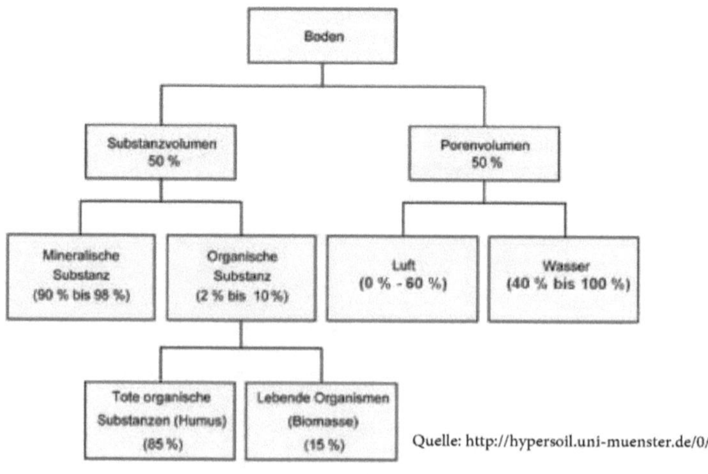

Quelle: http://hypersoil.uni-muenster.de/0/03/img/07_1.jpg

4.1 Substanzvolumen

<table>
<tr><td colspan="1" align="center">Substanzvolumen</td></tr>
<tr><td>

• Als Substanzvolumen des Bodens (SV) wird das **Volumen aller festen Bodenbestandteile** (= **Bodenmatrix**) bezeichnet.

• Es ergibt sich aus der Differenz zwischen Bodenvolumen (BV) und Porenvolumen (PV):
SV = BV - PV
</td></tr>
</table>

Unterscheidung je nach Qualität der Festsubstanz:

- mineralische Substanz [90-98%]
- organische Substanz [2-10%]]

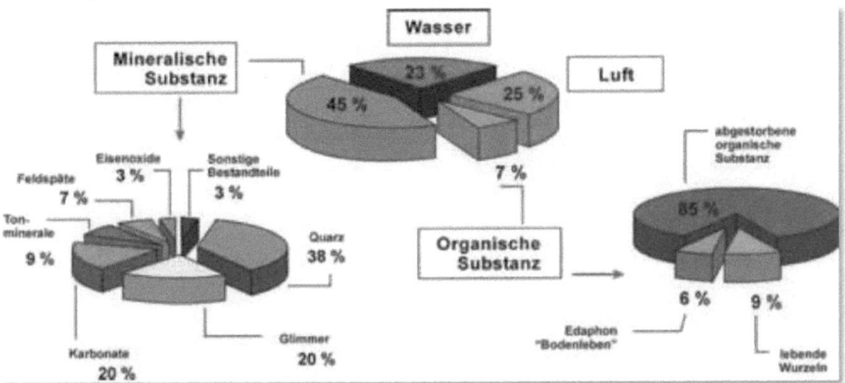

Quelle: https://www.stmuv.bayern.de/umwelt/boden/lernort_boden/doc/modul_a.pdf, S. 6

4.1.1 Mineralische Bodensubstanz

4.1.1.1 Kornfraktionen

Kornfraktionen

	Korngröße in mm	Fraktion		Kurzzeichen	
		eckig-kantig	gerundet	eckig	gerundet
Grobboden	> 63	kantige Steine	runde Steine	X	O
	2-63	Grus	Kies	Gr	G
Feinboden	0,063-2,0	Sand		S	
	0,002-0,063	Schluff		U	
	<0,002	Ton		T	

4.1.1.2 Bodenarten des Feinbodens

<table>
<tr><td align="center">Bodenart</td></tr>
<tr><td>

• Einteilung der Korngrößenzusammensetzung der mineralischen Bodensubstanz nach den vorherrschenden Kornfraktionen des Feinbodens in die Hauptbodenarten Sand, Schluff, Ton (und Lehm als Mischform)
</td></tr>
</table>

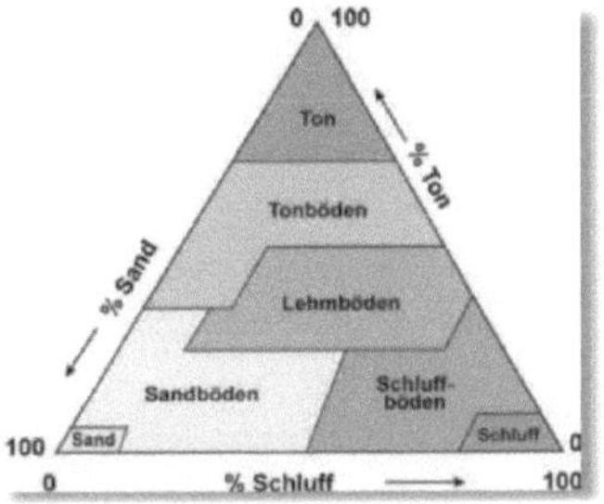

Quelle: https://www.stmuv.bayern.de/umwelt/boden/lernort_boden/doc/modul_a.pdf, S. 6

• • •

4.1.2 Organische Bodensubstanz

4.1.2.1 Organische Horizonte

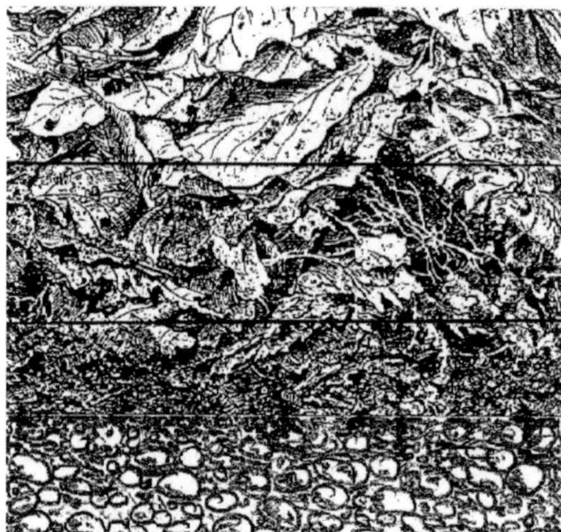

Streuschicht

- unzersetzte organische Substanz
- Bezeichnung: **L** (von engl. „litter")

Vermoderungsschicht:

- halb zersetzte, aber noch strukturierte organische Substanz
- F oder O_f (f von „Fermentation")

Humusschicht

- weitgehend zersetzte, humifizierte Substanz
- H oder O_h (h von „Humus")

Mineralhorizont Oberboden

- mineralischer Oberboden mit Humus vermischt
- A_h-Horizont

4.1.2.2 Humuskörper

Rohhumus

- Auflagehorizonte dominieren
- Horizontabfolge: L, O_f, O_h, A_h
- schlechte Standortbedingungen
- C/N-Verhältnis 30-40
- im kühlfeuchten Klima (subalpine Stufe, boreale Nadelwälder) auf silikatischenm Material
- Fulvosäuren ⇨ zunehmende Versauerung

Moder

- Zwischenform zwischen Mull und Rohhumus
- Horizontabfolge: L, O_f, O_h, A_h ⇨ meist unscharf gegeneinander abgegrenzt

Mull

- bildet sich unter günstigen, nährstoffreichen Bedingungen (schneller Streuabbau und Humifizierung)
- Huminstoffe durch Bodenfauna in Mineralboden eingearbeitet
- Horizontabfolge: L, A_h
- Bodenfraktion ist schwach sauer bis alkalisch
- C/N-Verhältnis niedrig (10-15)

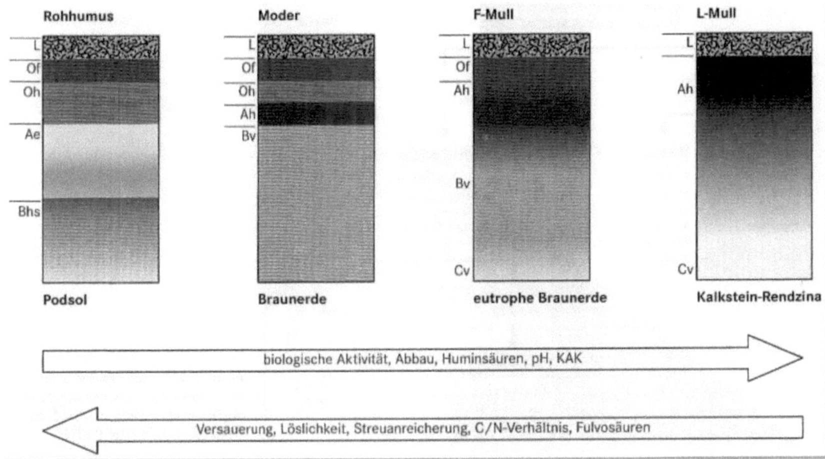

C-N-Verhältnis

beschreibt das Verhältnis von Kohlenstoff zu Stickstoff für organische Materialien
⇨ je enger das Verhältnis, desto schneller erfolgt der Abbau

Faustregel:

- bei C:N < 30   ⇨ Abbau in einem Jahr
- bei C:N 30-50   ⇨ Abbau in zwei Jahren
- bei C:N > 50   ⇨ Abbau in über drei Jahren

4.2   Porenvolumen

Porenvolumen

- Als Porenvolumen (PV) wird der Anteil der mit **Luft bzw. Gas und/oder Wasser bzw. Bodenlösung gefüllten Poren** (= **Porenhohlräume**) am Bodenkörper bezeichnet
- Es ergibt sich aus der Differenz zwischen Bodenvolumen (BV) und Substanzvolumen (SV):
  PV = BV - SV

Grobporen

- $> 0{,}01$ mm
- Sickerwasser führend
- nach Abzug des Sickerwassers mit Luft gefüllt

Mittelporen

- $0{,}01$-$0{,}0002$ mm
- verfügbares Haftwasser haltend
- bei Austrocknung mit Luft gefüllt

Feinporen

- $< 0{,}0002$ mm
- nicht verfügbares Haftwasser haltend
- nur bei starker Austrocknung mit Luft gefüllt

4.2.1   Bodenluft

- Zusammensetzung durch biol. Aktivitäten im Porenraum beeinflusst und daher von atm. Luft abweichend (CO_2 höher, O_2 niedriger)
- O_2- und CO_2 Anteile periodischen Schwankungen (Jahreszeiten) unterworfen
- O_2 wird vom Bodenleben verbraucht und ist relativ langsam zu ersetzen
  ⇨ Diffusion O_2-reicher Luft in den Boden
- CO_2 wird bei Wurzelatmung und Atmung des Edaphons erzeugt
  ⇨ Diffusion CO_2 reicher Bodenluft in die Atmosphäre
- Wasserdampfgehalt i.d.R. nahe der Sättigung (abhängig von der Bodentemperatur und Wasserspannung)

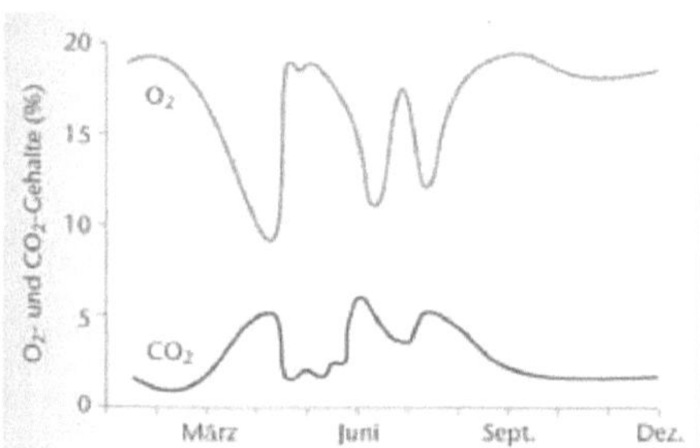

Abb. 2.29: Die jahreszeitliche Veränderung des Sauerstoff- und Kohlendioxidgehaltes eines schluffigen Tonbodens in 30 cm Tiefe. Nach Boynton und Compton (1944).

4.2.2 Bodenwasser

4.2.2.1 Bodenwasserhaushalt

Bilanzgleichung

$$Ki = N - V_{ET} - V_I - A_o$$
$$\Delta S = Inf + Kap - G \pm Interflow$$

Ki Infiltration
N Niederschlag
V_{ET} Verdunstung
V_I Interzeptionsverdunstung
A_o Oberflächenabfluss

ΔS Speicheränderung (hier Bodenspeicher)
Inf Infiltration
Kap Kapillarer Aufstieg aus dem Grundwasserleiter
G Grundwasserneubildung
Interflow Zwischenabfluss

4.2.2.2 Bodenwasserarten

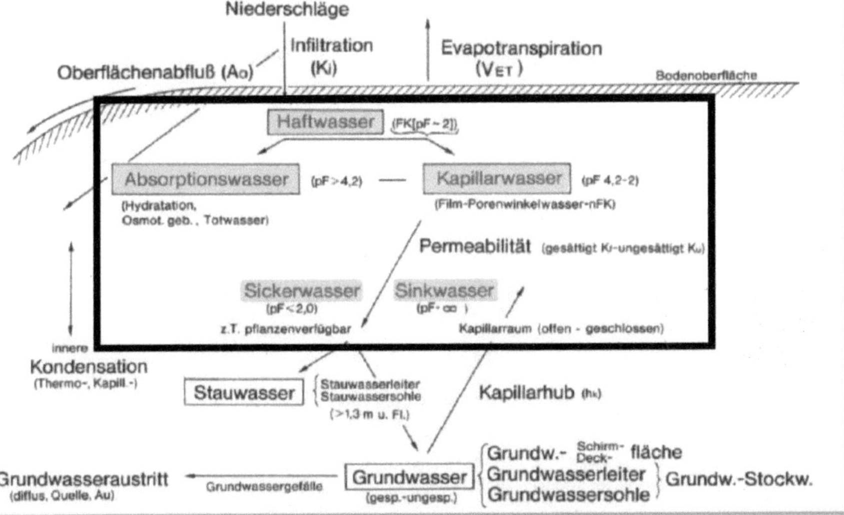

Sickerwasser

- nach Infiltration in den Boden eingedrungenes Wasser
- strebt entsprechend der Schwerkraft **langsamer** dem Grundwasserkörper zu

Sinkwasser

- nach Infiltration in den Boden eingedrugendes Wasser
- strebt entsprechend der Schwerkraft schneller dem Grundwasserkörper zu

Haftwasser

- Anteil des Bodenwassers, der **gegen die Schwerkraft im Boden festgehalten** wird
- Adsorptionswasser + Kapillarwasser

Kapillarwasser

- in den Kapillaren des Bodenkörpers aufsteigendes, von Mensiken getragenes Wasser

Adsorptionswasser

- Summe aus Adhäsionswasser (an festen Bodenteilchen haftend) und Hydrationswasser
  (= Hydrathüllen der an festen Bodenpartikel adsorbierten Kationen)

4.2.2.3 *Wasserspannung verschiedener Bodenarten*

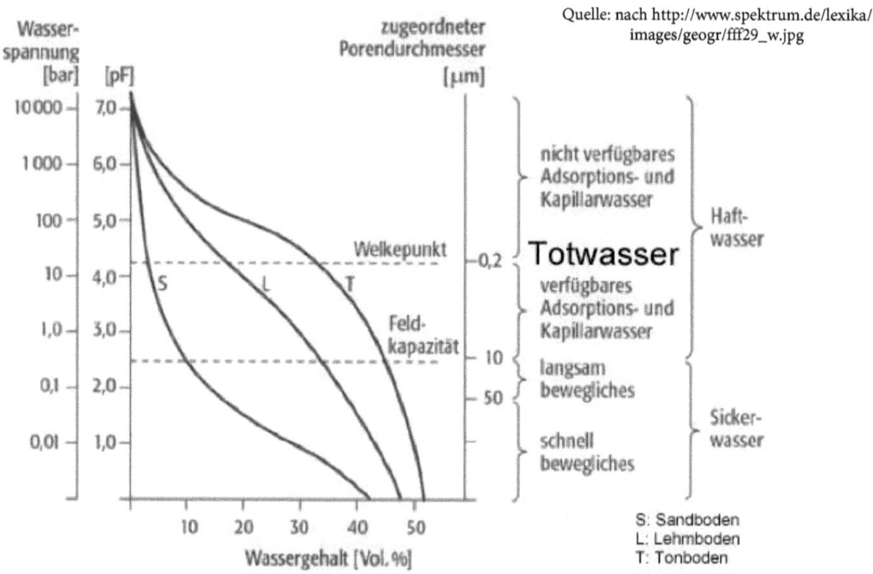

pF = Saugspannung (Fähigkeit des Bodens, Wasser zu halten)

pF-Wert von **2,4**: Grenze zwischen Sickerwasser und Haftwasser

pF-Wert von **4,2**: Grenz zwischen Wasser, das pflanzenverfügbarem Haftwasser und nicht verfügbarem Wasser (Totwasser)

Begriff	Erklärung
pF-Wert	gibt die Wasserspannung (Matrixpotential) eines Bodens in cm Wassersäume (mbar) an, also die Bindungsstärke, mit der die Bodenmatrix das Bodenwasser in den Bodenporen festhält. Funktion aus Bodenart und Porenvolumen
FK (Feldkapazität)	Schwellenwert, ab dem Bodenwasser entgegen der Schwerkraft durch Absorption und kapillare Kräfte gehalten werden kann
nFK (nutzbare Feldkapazität)	kennzeichnet das pflanzenverfügbare Wasser im Boden, begrenzt durch den Wassergehalt am permanenten Welkepunkt und demjenigen bei Feldkapazität
WP (permanenter Wendepunkt)	kennzeichnet denjenigen Wassergehalt des Bodens, oberhalb dessen Pflanzenwurzeln aufgrund zu geringer Saugspannung (s. pF-Wert) i.d.R. kein Bodenwasser mehr aufnehmen können
WK (Welkepunkt)	kennzeichnet denjenigen Wassergehalt des Bodens, oberhalb dessen Pflanzenwurzeln aufgrund zu geringer Saugspannung (s. pF-Wert) i.d.R. kein Bodenwasser mehr aufnehmen können.
Totwasser	für Pflanzen i.d.R. nicht verfügbares Absorptions- und Kapillarwasser oberhalb des pWP

5 Bodenacidität

Bodenacidität
•Unter Bodenacidität versteht man die saure Reaktion eines Bodens. •Das Maß dafür ist der pH-Wert, also der negative dekadische Logarighmus des Anteils freier H^+-Ionen in der Bodenlösung.

Bedeutung des pH-Wertes hoch bei

- vielen pedogenetischen Prozessen (z.B. Tonverlagerung, Huminstoffbildung)
- Art des Pflanzenbesatzes und der Bodenlebewesen
- der Nährstoff-Verfügbarkeit für Pflanzen
- Löslichkeit von Metallen (und Schwermetallen) und damit deren Konzentration bzw. Toxizität

6 Ionenaustausch

- Austauschvorgänge von Molekülen, org. Stoffen und Ionen zwischen Bodenmatrix und –lösung
- Ionentausch wichtig: geladene Bodenpartikel (Tonminerale, Huminstoffe, Oxide) absorbieren Ionen aus der Lösung durch elektrostatische Kräfte und tauschen sie ggf. gegen andere ein
  - ⇨ Schutz vor Auswaschung und erhöhte Verweildauer im Boden
  - ⇨ Pflanzenverfügbarkeit
- Kationenaustausch von zentraler Bedeutung für
  - bodenbildende Prozesse
  - Nährstoffaushalt der Pflanzen
  - Filtereigenschaften der Böden (z.B. Gewässerschutz)

Kationentauscher	Anionentauscher
•negativ geladene Austauscher •Kationen (positiv geladene Teilchen): •Calcium Ca^{2+} •Kalium K^+ •Natrium Na^+ •Magnesium Mg^{2+} •Aluminium $Al3^+$	•positiv geladene Tauscher •Antionen (negativ geladene Teilchen): •Sulfat SO_4^{2-} •Phosphat PO_4^{2-} •Nitrat NO_3^- •Chlorid Cl^- •verschiedene org. Anionen

Huminstoffe	Oxide
•generell sehr hohe variable Ladungen durch funktionelle Gruppen • in neutralen bis mäßig sauren Böden **Kationentauscher** •im stark sauren Milieu **Anionentauscher**	•variable Ladungen •relativ gering am Ionentausch beteiligt

Kationenaustauschkapazität (KAK)
•Die KAK beschreibt die Summe der austauschbar an permantente oder variable Ladungen angelagerten Kationen in einem Boden.

- Potentielle KAK:
  Menge des negativen Ladungsüberschusses ⇨ Art/Gehalt der Ionentauscher
- Aktuelle KAK:
  zusätzlich abhängig vom pH-Wert

7   Bodentypen

Bodentyp

- Charakteristische Horizontabfolge im Bodenprofil als Ergebnis spezifischer bodenbildender Prozesse und Faktoren

- Mächtigkeit ist abhängig von Klima und Zeitdauer der Bodenentwicklung
- Horizontgrenzen je nach Bodentyp scharf oder unscharf ausgebildet

7.1 Bezeichnungen der Horizontmerkmale

wichtigste geogene und anthropogene Merkmale vor dem Hauptsymbol

l	Lockermaterial, z.B. Kies (bei C)
m	festes (massives) Material, z.B. anstehendes Gestein (bei C)
i	silikatisch, kieselig (bei C)
c	carbonatisch (bei C)

wichtigste pedogene Merkmale hinter dem Hauptsymbol

h	humos (Anreicherung von organischer Substanz)
s	Anreicherung von Metalloxiden („Sesquioxiden")
e	eluvial (ausgewaschen), Verarmung an organischer Substanz
f	fermentiert (organische Substanz im Zersetzungsstadium)
p	Pflug-, Bearbeitungshorizont (Ackerflächen, auch ehemalige)
v	verwittert (bei C-Horizont), verbraunt (bei B-Horizont)
t	Tonanreicherung
l	tonabgereichert, „lessiviert"

7.2 Rohböden / A_h – C Böden

Kennzeichen

- Fehlen eines B-Horizontes
- frühe Stadien der Bodenbildung (neben Initialböden A_i – C)

Beispiele

- Ranker
- Regosol
- Rendzina

7.3   Schwarzerde (Tschernosem)

Kennzeichen

- Fehlen eines B-Horizontes
- mächtiger A-Horizont (Mull)

Typische Böden in kontinentalen Steppen

Tschernosem: Böden aus Mergelgestein oder auf Löss

Bildung

- hohe Humifizierungsraten
- geringe Mineralisierung
- grasreiche Steppenvegetation
- intensive Bioturbation

⇨ mächtiger A-Horizont

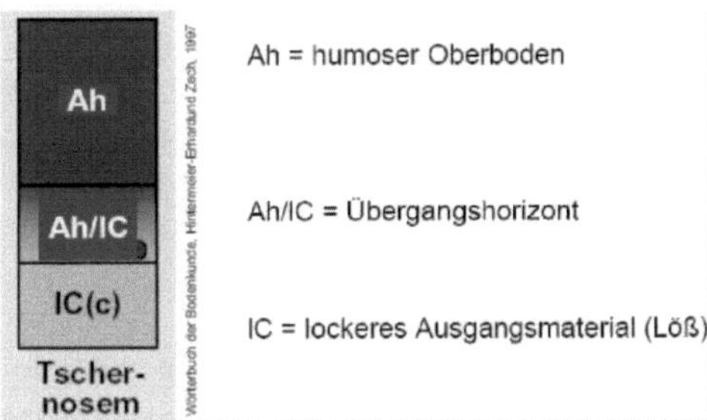

7.4   Braunerde

Kennzeichen

- B-Horizont mit typischen Verbraunungs- und Verlehmungs-erscheinungen (B_v)
- gutes Wasserspeichervermögen aufgrund Tongehalt

Typische Böden des gemäßigt-humiden Klimas

Bildung

- Entwicklung aus Rankern, Regosolen und Pararendzinen
- nach Entkalkung (pH-Wert-Absenkung): Silikatverwitterung ⇨ Verbraunung und Verlehmung

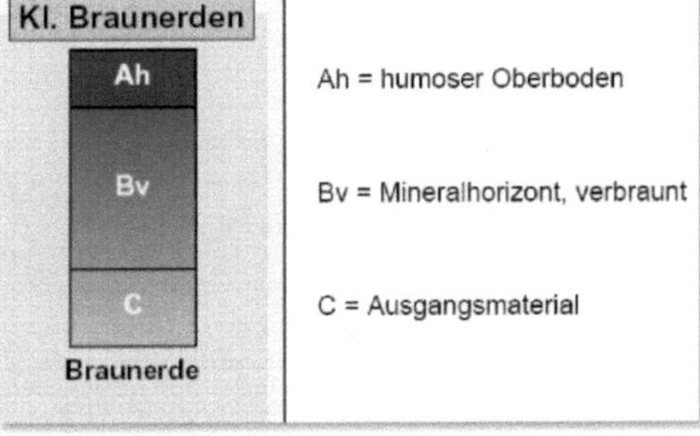

7.5   Parabraunerde / Lessivé

Kennzeichen

- Tonverlagerungshorizont (Bleichhorizont) im Oberboden
- Tonanreicherungshorizont im Unterboden

Typische Böden des gemäßigten Klimas (bis in submediterranen Raum verbreitet)

Bildung

- aus Rendzinen und basenreichen Braunerden
- nach Entsalzung/Entkalkung des Oberbodens: hohe Tonverlagerung bei
  - pH zwischen 5 und 7
  - gute Quellfähigkeit der Tonminerale

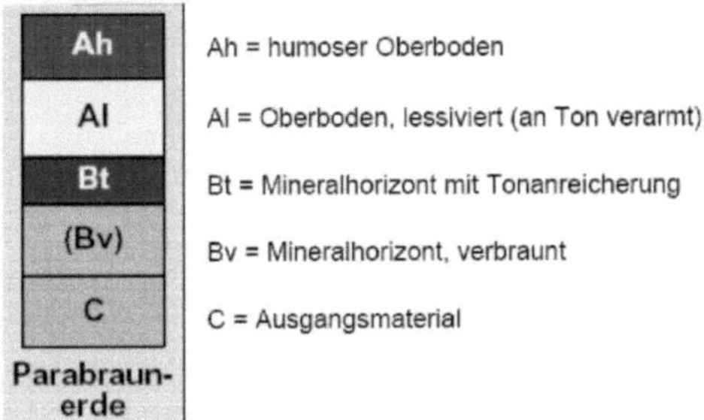

7.6   Podsole

Kennzeichen

- Eluvialhorizont im Oberboden (A_e)
- Anreicherungshorizonte von Humus (B_h) und Sesquioxiden (B_s) im Unterboden
- saure Rohhumusauflage

Typische Böden borealen Klimas und (sub)alpinen Raums

Bildung

- Podsolierung durch saure Huminstoffe
  ⇨ intensive Hydrolyse der Silikate im Oberboden
  ⇨ Bindung der freigesetzten Fe und Al
  ⇨ Verlagerung der Chelate

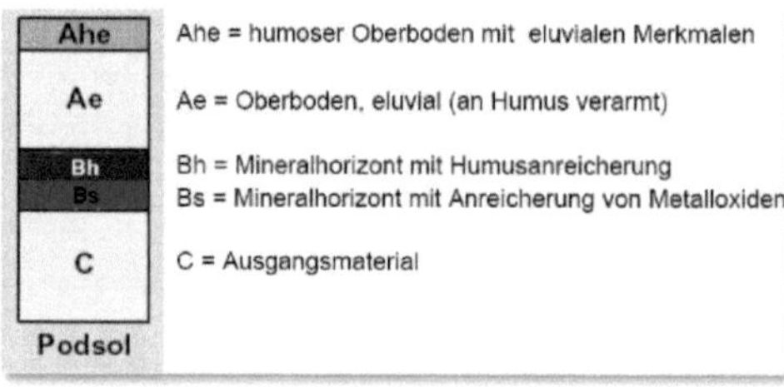

7.7   Gley

Kennzeichen

- azonale Böden
- Bildung unter Grundwassereinfluss (G)
- i.d.R. humoser Oberboden (A_h)
- Oxidationshorizont im Kapillarsaumbereich (Schwankungsbereich des Grundwassers Go)
- fahl-graubaler Reduktionshorizont im ständig wassergesättigten Bereich (Gr)

Bildung: in ufernahen Bereichen von Flüssen oder Seen

IV. Hydrogeographie

1   Globale Wasserverteilung

- gesamter Wasservorrat der
  Erde: 1,64 Mrd. km³
  ⇨ 1,46 Mrd. km³ frei
  beweglich, Rest chemisch
  gebunden
- gesammelt in sog.
  Reservoiren oder
  „Speichern", die sich in
  ständigem Austausch
  befinden
- Speicher haben **Zufluss** und
  Abfluss, Wasser besitzt darin
  unterschiedliche
  Verweildauer

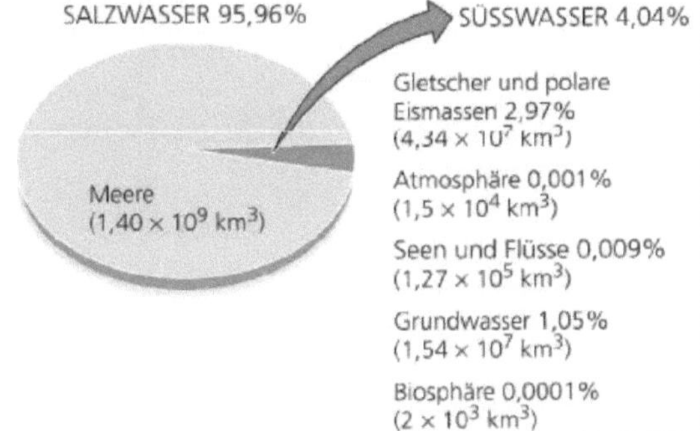

- 70,8% der Oberfläche der Erde ist von Ozeanen bedeckt
- Land-Meer-Verteilung auf Erdoberfläche ungleichmäßig:
  auf NHK mehr Landmasse als auf SHK

2   Physikalische und chemische Eigenschaften von Wasser

2.1   Aggregatszustände des Wassers

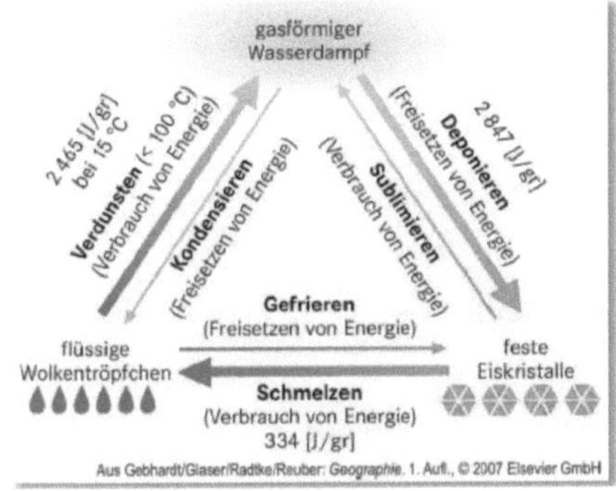

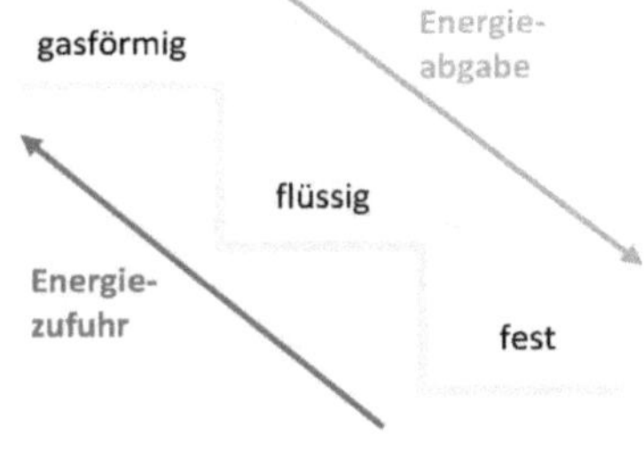

Quelle: Gebhardt et al. 2007

2.2 Dichteanomalie des Wassers

2.2.1 Süßwasser

Quelle: http://de.academic.ru/pictures/dewiki/87/Wasseranomalie.png

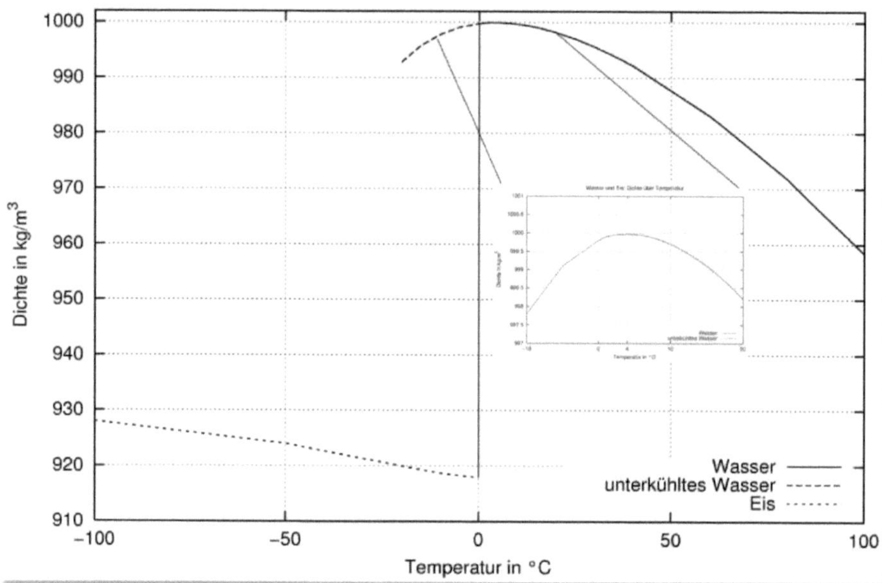

- höchste Dichte (1kg/dm³) bei 3,98°C
- von 3,98°C bis 0°C leichte Dichteabnahme
- bei Erstarrung starke Dichteabnahme (916 g/dm³)
  ⇨ Aufschwimmen von Eis auf Wasser

2.2.2 Salzwasser

→ abhängig von Temperatur, Salzgehalt (und Druck)

- bei 4°C und 3,5% (durchschnittlicher Salzgehalt von Meerwasser): 1,028 kg/dm³
- bei 4°C und 1,0%: 1,008 kg/dm³

3   Der Wasserkreislauf

MEER	MEER	FESTLAND	FESTLAND
36 Abfluss vom Festland +398 Niederschlag über den Ozeanen	434 Verdunstung − 398 Niederschlag	107 Niederschlag − 71 Verdunstung	107 Niederschlag − 36 Abfluss
434 Verdunstung	36 Überschuss gegenüber Festland ⇌ 36 Abfluss		71 Verdunstung

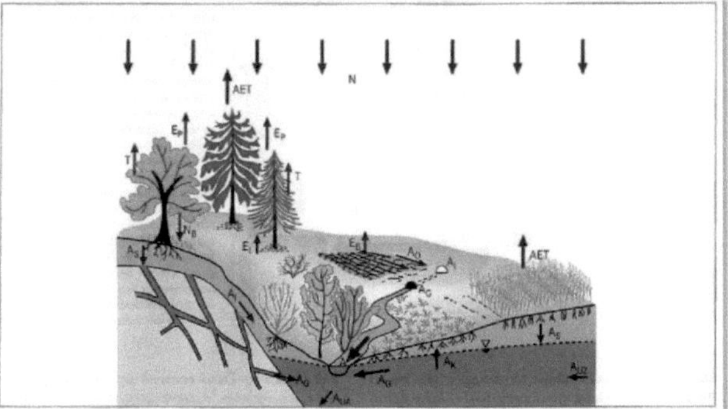

Großer Wasserkreislauf

- horizontaler Wasserdampftransport über weite Strecken
- Hauptwasserversorgung der Kontinente
- zentrale Bedeutung für Wärme- und Energiehaushalt der Erde

Kleiner Wasserkreislauf

- horizontaler Wasserdampftransport über kurze Strecken
- umfasst ausschließlich Festlandflächen
- entscheidend für Versorgung bestimmter Ökosysteme
  z.B. System des tropischen Regenwaldes

Abb. 12.2.4 Der räumliche Zusammenhang zwischen den einzelnen Komponenten des Wasserkreislaufs eines Einzugsgebietes, das von der schwarzen Linie als oberirdische Wasserscheide abgegrenzt wird. N = Niederschlag, AET = Aktuelle Evapotranspiration (tatsächliche Verdunstungshöhe), E_P = Pflanzeninterzeptionsevaporation (Verdunstung von Pflanzenoberflächen), T = Transpiration (Verdunstung aus Spaltöffnungen der Pflanzen), N_B = Bestandsniederschlag (Teil des Freilandniederschlags, der durch die Vegetation auf die Bodenoberfläche gelangt, inklusive Stammablauf), E_L = Streuinterzeptionsevaporation (Verdunstung von der Streuoberfläche), E_B = Bodenevaporation (Verdunstung von der Bodenoberfläche), A = Abfluss, A_O = Oberflächenabfluss, A_I = Zwischenabfluss, A_G = Grundwasserabfluss, A_S = Sickerwasserabfluss, A_K = Kapillarer Wasseraufstieg, A_{UZ} = unterirdischer Zustrom, A_{UA} = unterirdischer Abstrom (verändert nach Wohlrab et al. 1992).

4   Die Weltmeere

Ausdehnung: 361 Mio. km²

⇨ größter Wasserspeicher

4.1   Allgemeines

4.1.1   Salzgehalt

Salzgehalt: ~3,5 Gew.%, davon

- Chlor ~ 20g
- Natrium ~ 11g
- außerdem: Sulfat, Mg, Ca, K, HCO_3^-

⇨ Salzgehalt variiert räumlich und zeitlich u.a. durch

- Verdunstung (v.a. Wendekreise)
- Flussmündungen (z.B. Amazonas)

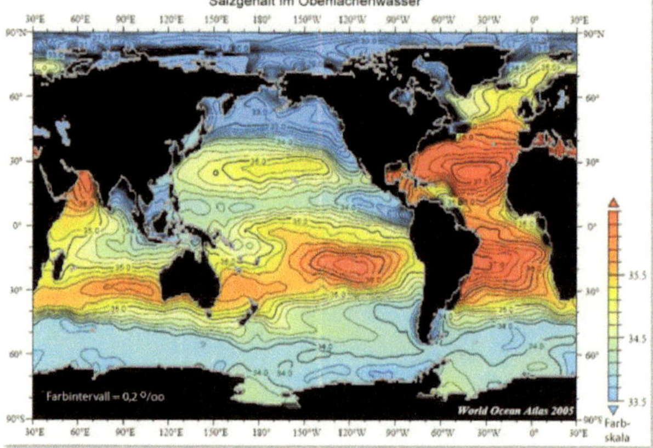

Quelle: http://www.hamburger-bildungsserver.de/klima/klimafolgen/wasser/images/salzgehalt_jahresmittel.jpg

4.1.2   Vertikale Schichtung

- **Euphotische Zone:**
  - oberer, lichtdurchfluteter Bereich
  - Wasser wärmer, spezifisch leichter
  - Photosynthese ⇨ Phytoplankton
- **Sprungschicht** vertikale Temperatur-grenzschicht
- **Aphotische Zone**
  - tiefer, lichtloser Bereich
  - Wasser kälter, spezifisch schwerer

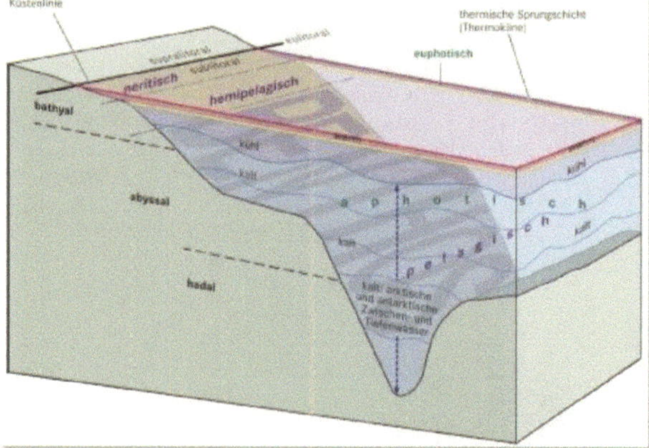

4.2   Meeresströmungen

4.2.1   Oberflächenströmung

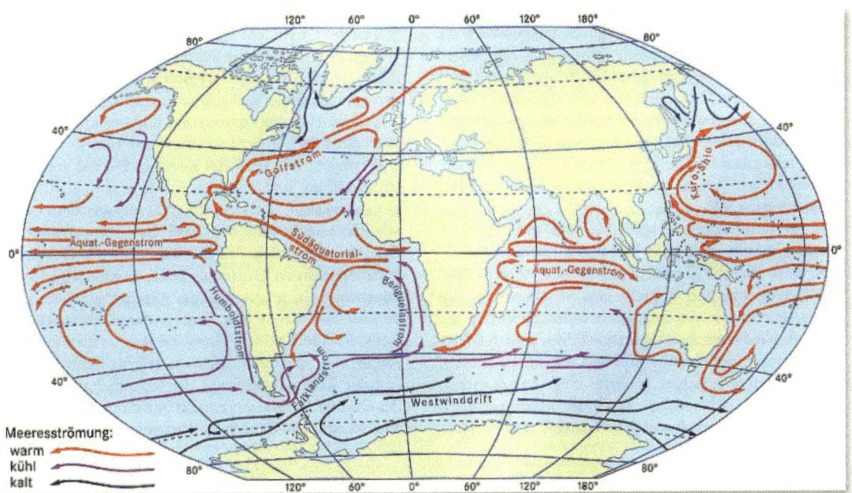

- Ostseiten:
  - Warme Strömungen (z.B. Golfstrom, Kuro-Shio)
  - Ausgreifen auf Westseiten hoher Breiten
- Westseiten niederer Breiten:
  - ablandige Passate ⇨ Aufsteigen kalten Tiefenwassers (O_2-reich, nährstoffreich)
  - z.B. Humboldtstrom, Benguelastrom, Kalifornienstrom

4.2.2   Tiefenströmung und Thermohaline Zirkulation

Bsp. Nordatlantik:

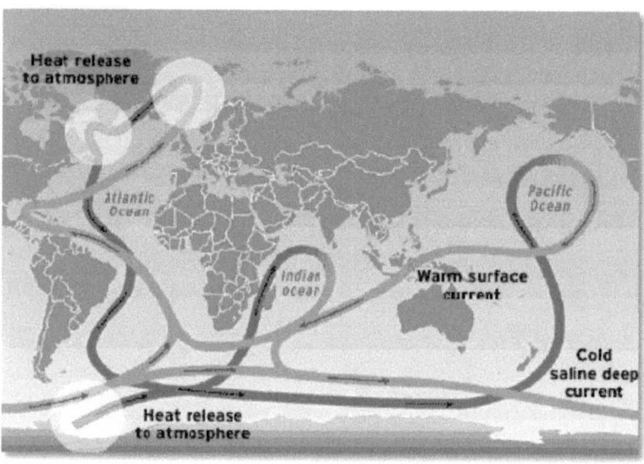

Quelle: www.weltderphysik.de/_img/article_large/conveyor-belt_Woods_Hole.gif

4.3   Produktivität

- Phytoplankton (Algenarten) kurzlebig (viele Generationen pro Jahr, hoher turnover)
- lichtabhängig:
  bis in ca. 50 – 150m Tiefe ist Photosynthese und damit Großteil NPP (= Nettoprimärproduktion) möglich
- nährstoffabhängig:
  - im Bereich kalter Auftriebsströmungen Nährstofftransport in oberflächennahe, hochproduktive, durchlichtete Bereiche
  - auch in flacheren Meeresteilen erhöhte Produktion:

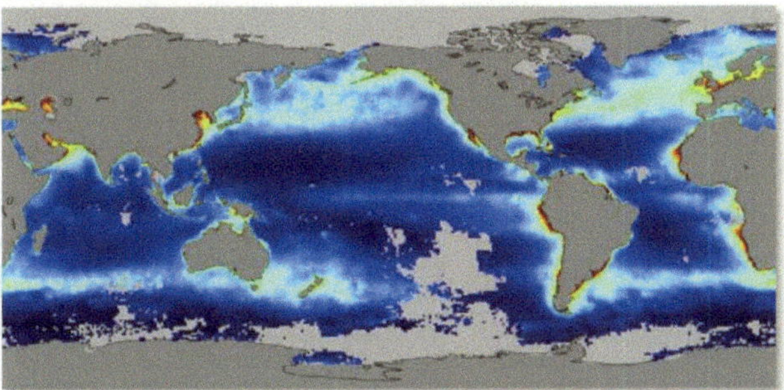

Quelle: http://
earthobservatory.nasa.gov/
Newsroom/NasaNews/
ReleaseImages/20030917/
Image2m.jpg

- alle marinen Systeme gemeinsam NPP 55 Gigatonnen (152 g/m²)
  alle terrestrischen Systeme NPP 115 Gigatonnen (773g/m²)

4.4   Regulation des Kohlenstoffkreislaufs

Physikalischer Prozess:

- Löslichkeit von CO_2 abhängig von Druck und Temperatur:

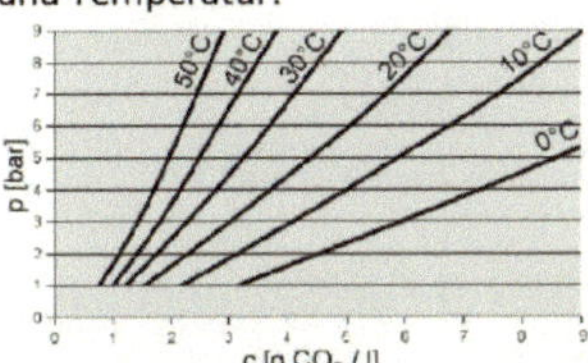

Quelle: https://upload.wikimedia.org/
wikipedia/commons/thumb/1/12/
Co2pctrp.png/440px-Co2pctrp.png

- Gelöstes CO_2 sinkt mit kaltem Wasser im Zuge der thermohalinen Zirkulation in die Tiefe

Biologischer Prozess:

- CO_2 wird bei Produktion in Organismen eingebaut und sinkt bei deren Absterben mit auf den Meeresgrund
- wenn dort kein Abbau erfolgt, lagert CO_2 dauerhaft

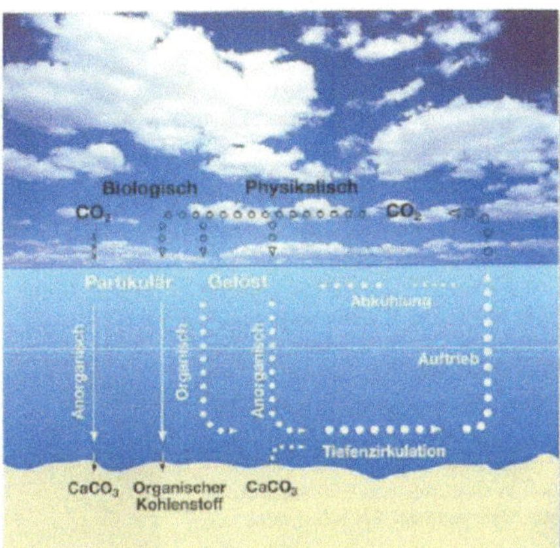

Fig. 3 Die zwei sogenannten „Kohlenstoffpumpen" im Ozean: die „Löslichkeitspumpe" und die „biologische Pumpe". Der Begriff „Löslichkeitspumpe" bezeichnet den Vertikaltransport von gelöstem CO₂ mit absinkendem Wasser aus der Deckschicht – ein rein physikalischer Vorgang, gekoppelt mit der Tiefenzirkulation des Ozeans. Der Begriff „biologische Pumpe" bezeichnet den Vertikaltransport von Kohlenstoff, der durch biologische Aktivität in der Deckschicht (Primärproduktion) in Kalkschalen und organische Substanzen eingebaut wurde und als Bestandteil von Sinkstoffen in die Tiefsee absinkt. Passiv mit Wasser absinkender, gelöster organischer Kohlenstoff wird auch dieser Pumpe zugeordnet.

5   Seen

⇨wichtige Süßwasserspeicher

> ## Definition See
>
> - Seen sind ständig **mit Wasser gefüllte Vertiefungen** in der Erdoberfläche und werden durch Quellen, Fließgewässer und Niederschläge gespeist. Ein See stellt ein weitgehend **geschlossenes Ökosystem** mit oder ohne Zu- und Abfluss dar. Die Menge des Zu- und Abflusses sind in der Regel gegenüber der Gesamtwassermenge eines Sees gering. Im Gegensatz zu einem Fließgewässer weist ein See **kein Gefälle** und **keine starken Strömungen** auf.
> - Seen stellen damit ein **stehendes Gewässer** mit vergleichsweise **langen Wasserverweilzeiten** dar.

5.1   Morphologische Gliederung der Seetypen

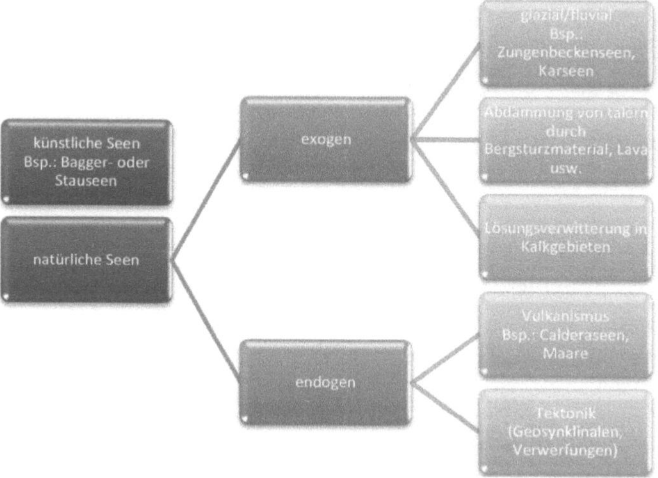

5.2   Seezonierung

5.2.1   in Abhängigkeit von Licht

Benthal: Bodenbereich

- Litoral (Uferzone, mit Licht)
- Profundal (lichtlose Ufertiefen)

Pelagial: Freiwasserbereich

- trophogene Zone (Biomassen-Aufbauzone ⇨ Photosynthese, Licht)
- Kompensationsebene (ab hier keine positive Energiebilanz der Photosynthese mehr)
- tropholytische Zone
  - Biomassen-Abbauzone
  - Dunkelheit

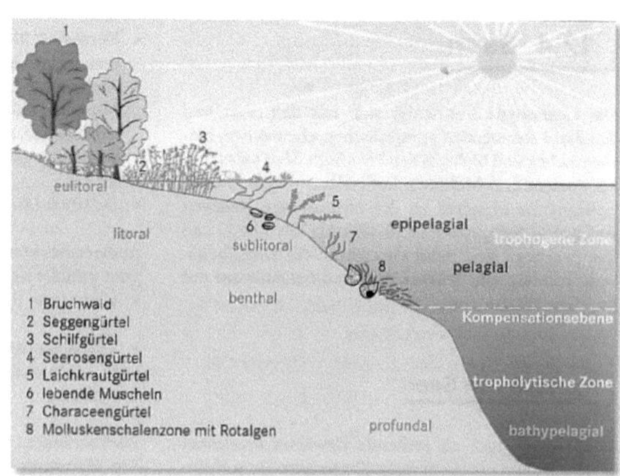

5.2.2   in Abhängigkeit von Temperatur

Epilimnion

- durch Sonnenenergie erwärmte obere Wasserschicht
- bei klaren Seen ca. 5m

Metalimnion („Sprungschicht")

- starke Temperaturabnahme auf kurzer Vertikaldistanz
- ähnliche Tiefe wie Kompensationsebene

Hypolimnion

- niedrige Temperaturen

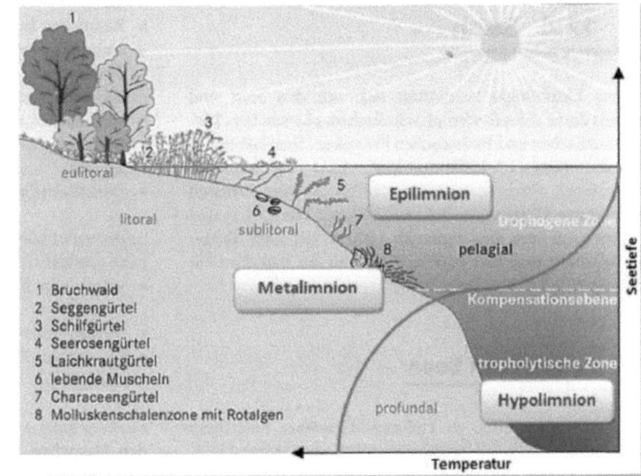

5.3   Thermisch bedingte Zirkulation

dimiktische Seen (Seen, deren Wasser zweimal im Jahr zirkuliert, i.d.R. mitteleuropäische Seen):

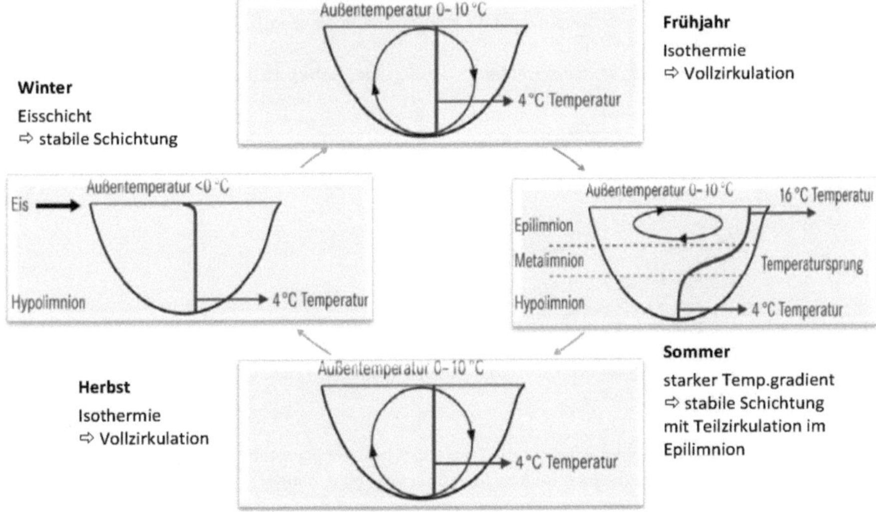

⇨ in anderen Klimaregionen: monomiktische Seen, oligomiktische Seen etc.
(vgl. Gebhardt et al. 471)

6 Flüsse

6.1 Wasserhaushalt von Flüssen

Wasserhaushaltsgleichung von Flüssen:

> **A = N - V**
>
> •Abfluss = Niederschlag - Verdunstung

Bilanzgleichung kürzerer Zeitspannen
⇨ Berücksichtigung von Rücklage und Aufbruch (bzw. Speicherung und Entnahme)

> **A = N - V + (R - B)**
>
> •Abfluss = Niederschlag - Verdunstung + (Rücklage - Aufbrauch)

6.2 Einzugsgebiet von Flüssen

> **Einzugsgebiet**
>
> •Bereich, der alle Niederschläge oder daraus generierte Abflüsse in den selben Fluss leitet

- größere Einzugsgebiete (z.B. Donau) setzen sich meist aus kleineren Teileinzugsgebieten zusammen (z.B. Inn)
- Einzugsgebiete sind durch **Wasserscheiden** (z.B. Bergzüge, Gebirgsketten) getrennt

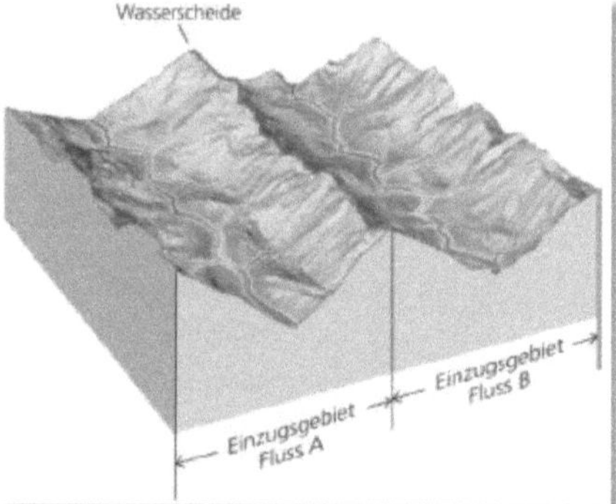

- kontinentale Wasserscheiden trennen die Einzugsgebiete der Hauptabdachungen zwischen den Ozeanen und große endorrëische Becken (= Endbecken) voneinander:

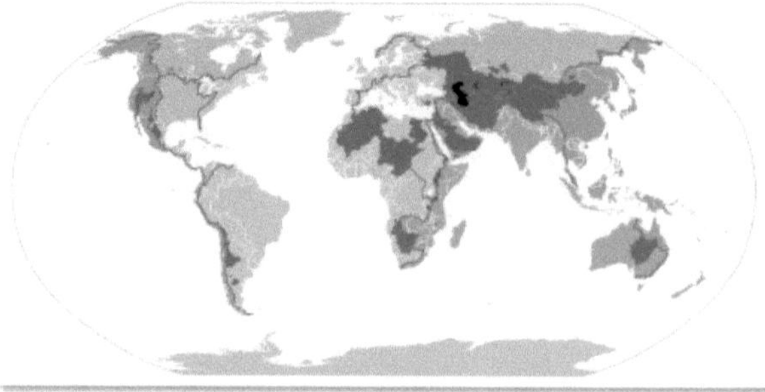

6.3   Typische Entwässerungsnetze

dentritisch

Ein dentritisches Entwässerungsnetz erinnert an die gleichmäßigen Verzweigungen eines Baums. Sie entstehen auf einer homogenen unterlagernden Gesteinsschicht.

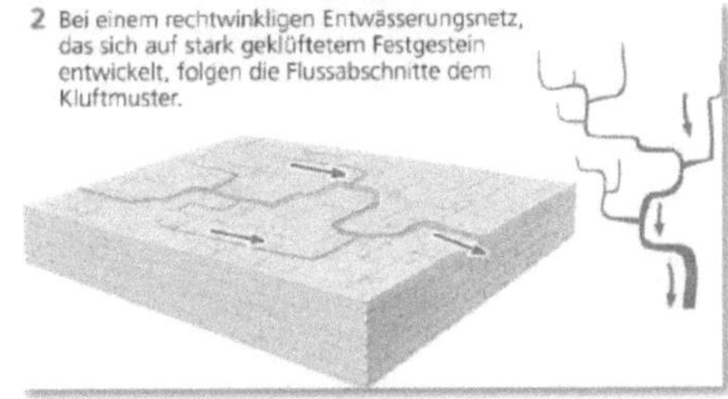

1   Ein dendritisches Entwässerungsnetz erinnert an die gleichmäßigen Verzweigungen eines Baums.

winklig

Bei einem rechtwinkligen Entwässerungsnetz, das sich auf stark geklüftetem Festgestein entwickelt, folgen die Flussabschnitte dem Kluftmuster.

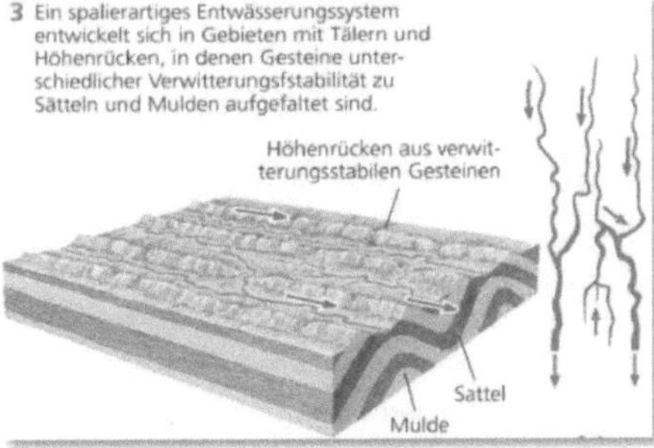

2   Bei einem rechtwinkligen Entwässerungsnetz, das sich auf stark geklüftetem Festgestein entwickelt, folgen die Flussabschnitte dem Kluftmuster.

parallel / spalierartig

Ein spalierartiges Entwässerungssystem entwickelt sich in Gebieten mit Tälern und Höhenrücken, in denen Gesteine unterschiedlicher Verwitterungsstabilität zu Sätteln und Mulden aufgefaltet sind.

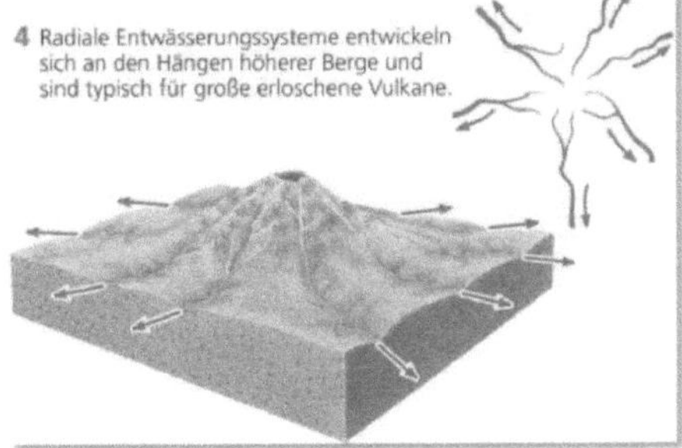

3   Ein spalierartiges Entwässerungssystem entwickelt sich in Gebieten mit Tälern und Höhenrücken, in denen Gesteine unterschiedlicher Verwitterungsfstabilität zu Sätteln und Mulden aufgefaltet sind.

radial

Radiale Entwässerungssysteme entwickeln sich an den Hängen höherer Berge und sind typisch für große erloschene Vulkane.

4   Radiale Entwässerungssysteme entwickeln sich an den Hängen höherer Berge und sind typisch für große erloschene Vulkane.

6.4 Abfluss

- Abfluss ist das Wasservolumen, das pro Zeiteinheit einen definierten oberirdischen Fließquerschnitt (Abflussquerschnitt) durchfließt.
- Angabe in m^3/s oder l/s

Der Abfluss besteht aus (mind.) zwei Komponenten:

- **Direkter Abfluss (Q_D) =**
  Oberflächenabfluss + Zwischenabfluss
  (sog. „Interflow")
  - Oberflächenabfluss (Q_O): ohne Infiltration
  - Zwischenabfluss (Q_I): unterirdisches Wasser mit geringer Abflussverzögerung

  ⇨ erzeugt z.B. Hochwässer

- **Basisabfluss (Q_B):**
  verzögert abfließende Komponenten des Grundwassers, Zwischenabflusses, Wasser aus Uferbereichen sowie Abfluss aus Seen, Gletschern
  ⇨ relativ ganzjährig vorhanden

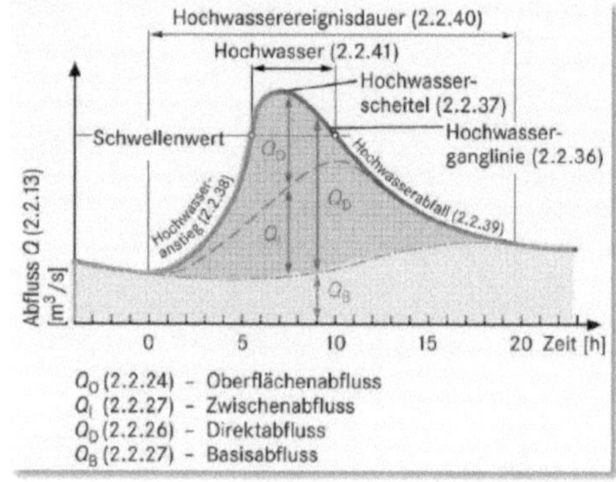

6.4.1 Abflussganglinie

- Graphische Darstellung des beobachtbaren oder errechneten Abflusses pro Zeiteinheit in einem Koordinatensystem

hydrologisches Jahr: von November bis Oktober

- hydrologisches Winterhalbjahr (Nov – Apr): grundwasserneubildende Winterniederschläge
- hydrologisches Sommerhalbjahr (Mai – Okt): grundwasserzehrende Vegetationsperiode

Bsp.: Abflussganglinie der Saar am Pegel Fremersdorf im hydrologischen Jahr 1994

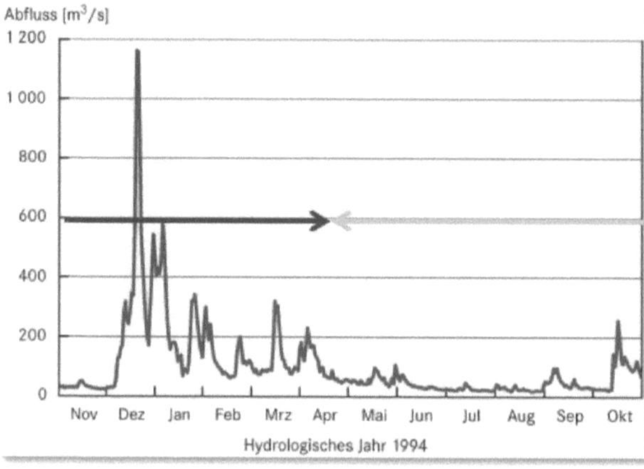

Gründe für die Abflussspitzen im Winterhalbjahr:

- Herbst-Hochwässer:
  - Niederschläge im Einzugsgebiet der Vogesen
  - undurchlässiger granitischer Untergrund
  - bereits gesättigte Böden aufgrund vorausgegangener Niederschläge
- Winter-Hochwässer bei plötzlichem Tauwetter oder durch Regenfälle aus westlichen Luftmassen
- Frühjahrs-Hochwasser: ergiebige Regenfälle aus südlichen Luftmassen
- ⇨ Hauptwassermengen des Abflusses der Saar werden durch **Regenfälle** und in geringem Maße durch **Schneeschmelze** aus den Vogesen generiert

6.4.2 Abflussregime

<table><tr><td>Abflussregime</td></tr><tr><td>•mittlerer charakteristischer Abflussgang eines Fließgewässers im Verlauf eines Jahres</td></tr></table>

⇨ bedingt durch Faktoren des Klimas, Reliefs, Vegetation, Geologie, Anthropologie etc.

Unterscheidung nach Pardé:

- **Einfaches Regime**
  Steuerung des Abflussgangs durch einen variablen Faktor:
  - glazial (durch Gletscherschmelze ⇨ in Polargebieten und Hochgebirgen)
  - nival (durch Schneeschmelze ⇨ in winterkalten Bergregionen und Tiefländern)
  - pluvial (durch Regenniederschlag)

  ⇨ eingipflige Kurve (zweigipflig in Tropen bei zwei Regenzeiten)
- **Komplexes Regime 1. Grades** (original-komplexe Regime)
  ⇨ zwei oder mehr Abflussmaxima an einem Pegel, z.B. nivo-pluvial, pluvio-nival
  (Hinweis: erste Komponente im Namen ist die stärkere, die die höhere Abflussspitze erzeugt)
- **Komplexes Regime 2. Grades** (wechselnd-komplexe Regime)
  Flüsse wechseln auf ihrer Laufstrecke den Regimetyp, z.B. von nival im Oberlauf zu nivopluvial im Mittellauf zu pluvio-nival im Unterlauf (Rhein)
  ⇨ häufig Flüsse mit sehr vielen Einzugsgebieten

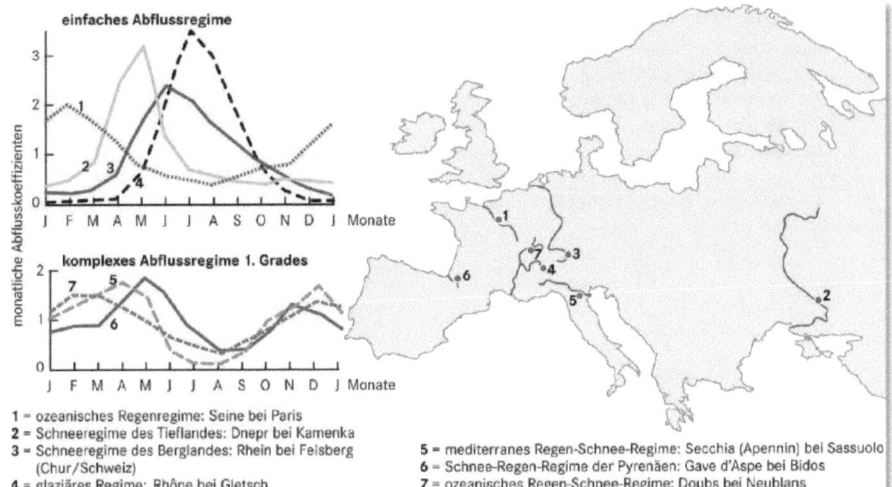

1 = ozeanisches Regenregime: Seine bei Paris
2 = Schneeregime des Tieflandes: Dnepr bei Kamenka
3 = Schneeregime des Berglandes: Rhein bei Felsberg (Chur/Schweiz)
4 = glaziäres Regime: Rhône bei Gletsch

5 = mediterranes Regen-Schnee-Regime: Secchia (Apennin) bei Sassuolo
6 = Schnee-Regen-Regime der Pyrenäen: Gave d'Aspe bei Bidos
7 = ozeanisches Regen-Schnee-Regime: Doubs bei Neublans

Beispiel für Komplexes Regime 2. Grades: Rhein

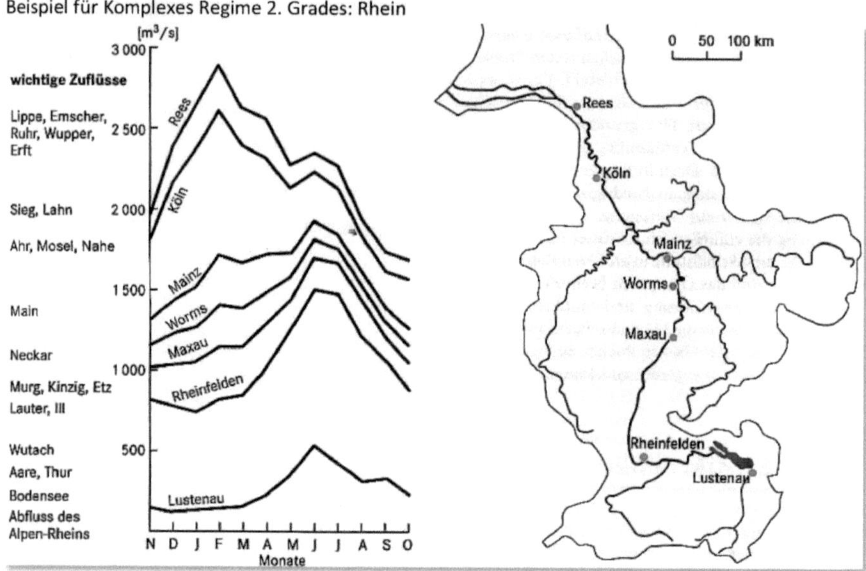

6.4.3 Einfluss von Form des Einzugsgebiets und Bifurkationsindex

Legt man einem Einzugsgebiet einen gleichmäßig verteilten konstanten Niederschlag zugrunde, so entsteht eine charakteristische Einheits-Ganglinie, die von der Form des Einzugsgebiets und dessen Bifurkationsindex abhängt.

> **Bifurkationsindex**
>
> •Gabelungsindex eines Flusses, der sich aus den Flussordnungszahlen ergibt

zwei Konzepte zur Bestimmung der Flussordnungszahlen:

- **klassisches Konzept:**
    - „Hauptfluss" 1. Ordnung
    - Nebenflusse 2. (3., 4., etc.) Ordnung
    - ⇨ für Einzugsgebietanalyse nicht geeignet
- **Konzept der topologischen Flussnetzanalyse (Strahler):**
    - jeder Quellfluss erhält die Ordnungszahl 1
    - wenn zwei Flüsse gleicher Ordnungszahl zusammenfließen ⇨ Erhöhung der Ordnungszahl um 1

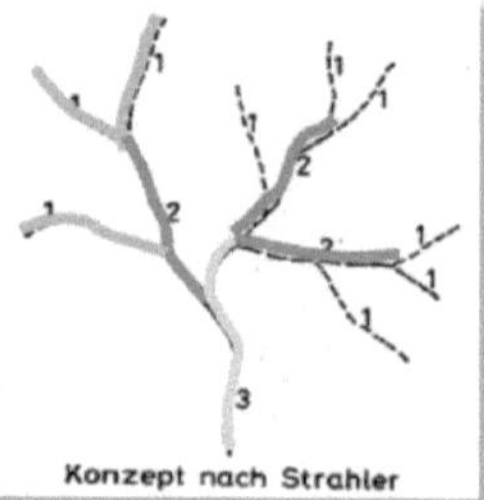

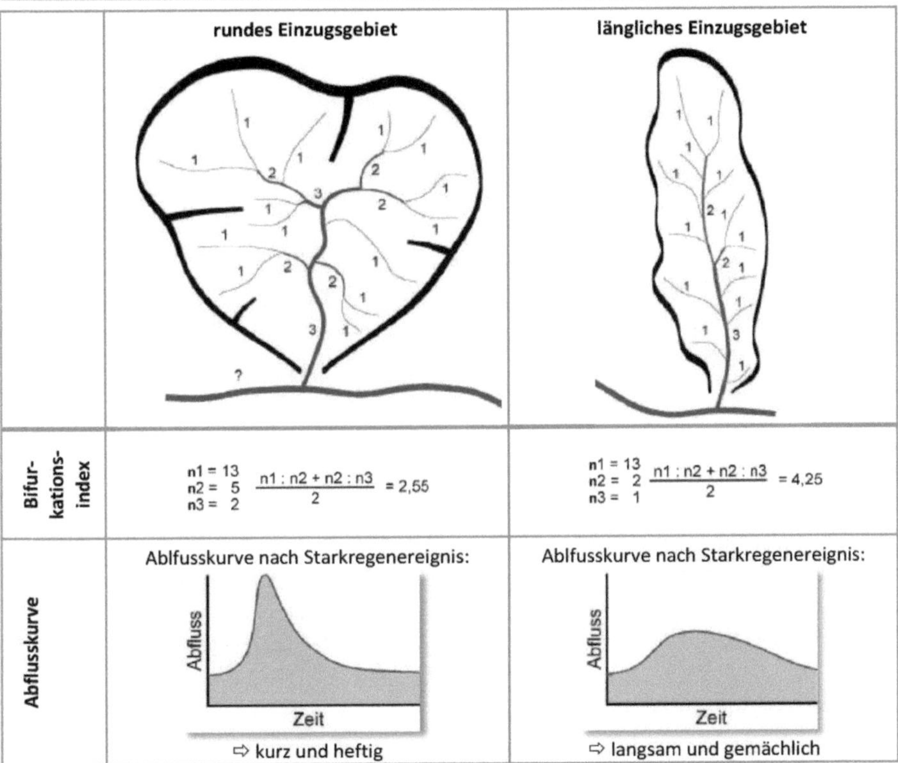

Bifurkationsindex	$\begin{aligned}n1 &= 13\\ n2 &= 5\\ n3 &= 2\end{aligned}$ $\dfrac{n1 : n2 + n2 : n3}{2} = 2{,}55$	$\begin{aligned}n1 &= 13\\ n2 &= 2\\ n3 &= 1\end{aligned}$ $\dfrac{n1 : n2 + n2 : n3}{2} = 4{,}25$
Abflusskurve	Ablfusskurve nach Starkregenereignis: Abfluss / Zeit ⇨ kurz und heftig	Ablfusskurve nach Starkregenereignis: Abfluss / Zeit ⇨ langsam und gemächlich

6.5   Unterteilung von Flüssen

6.5.1   hinsichtlich der Wasserführung im Jahresverlauf

perennierende oder permanente Gerinne

- Fluss mit ganzjährigem Abfluss
- v.a. in immerfeuchten Tropen und humiden Ektropen (= Außertropen)

periodische oder intermittierende Gerinne

- Fluss, der mindestens einen Monat im Jahr trockenfällt
- v.a. in wechselfeuchten Klimaten

episodische Gerinne

- Abflussrinnen, die nur nach Starkniederschlägen Wasser führen
- Trockengebiete (Wadis, Arroyos, Washes etc.)

6.5.2   hinsichtlich Quellort, Verlauf und Mündung

Autochthone Flüsse

- liegen ganz innerhalb eines Klimabereichs

Allochthone Flüsse / Fremdlingsflüsse

- Quellgebiete in humiden Klimaten
- Flüsse durchfließen unter erheblichem Wasserverlust aride Klimate

exorhëisch

- autochthone Flüsse humider Gebiete
- münden ins Meer
- Bsp.: Rhein

diarhëisch (Fremdlingsflüsse)

- allochthone Flüsse
- münden im Meer
- entspringen in humiden Regionen, durchfließen aride Regionen
- Bsp.: Colorado, Nil, Niger

arhëisch

- Gerinne in ariden Gebieten ohne geregelte mit episodischen Abflussrinnen
- Bsp.: Wadis

endorhëisch

- allochthone oder autochthone Flüsse, die in ein **Endbecken** münden, in dem das verbleibende Wasser gänzlich verdunstet
  - ⇨ meist verbunden mit Versalzung, Salzkrustenbildung
- Bsp.: Wolga, Humboldt River (Nevada)

• • •

7   Gletscher, Schnee und Eis

enthalten 3 % des globalen Wassers

⇨ wichtigster Süßwasserspeicher und Habitat

Meer - Eisbedeckung:

- Antarktis:
  4 Millionen km² im Sommer
  20 Millionen km² im Winter
- Arktis
  9 Millionenkm² im Sommer
  13 Millionen km² im Winter

Bedeutung von Gletscher, Schnee und Eis als Wasserspeicher

- Gebirgsgletscher:
  Bedeutung für Wasserversorgung vor allem in (semi)ariden Vorländern;
  verzögerter Abfluss in Sommermonaten ⇨ Gebirge als „Wassertürme"
- Schneespeicher:
  neben Wasserspeicherung auch wichtige Funktion der Bodenisolation und Schutzfunktion für
  Flora und Fauna;
  überdauernde Schneedecken können in (semi)ariden Gebieten z.T. ganzjährige
  Versorgungsfunktion für Flora und Fauna übernehmen
- Meereis:
  Bedeutung für Salinität der Meere: Salzionen werden nicht in die Kristallgitter des Eises
  eingelagert ⇨ Sole sinkt ab oder bleibt in Eisporen und Solekanälen ⇨ Meereisbildung
  beeinflusst thermohaline Zirkulation;
  notwendiges Habitatelement der arktischen Fauna

8   Unterirdische Wasserspeicher und -leiter

Unterteilung des unterirdischen Wassers in

1) vadose Zone (ungesättigte Zone)
   ⇨ Bodenwasser (s. Bodenkunde)
2) phreatische Zone (gesättigte Zone)
   ⇨ Grundwasser, Bewegung entlang der Schwerkraft
   ⇨ 45% Süßwasser, 55% salzig

Grundwasser lagert generell in **Aquiferen**
(Grundwasserleiter) über einer **Aquiclude**
(Grundwasserstauer)

- freies Grundwasser
  Grundwasser-Oberfläche nicht
  unter Spannung
- gespanntes Grundwasser
  Oberfläche durch Aquiclude
  begrenzt
  ⇨ Wasser gespannt

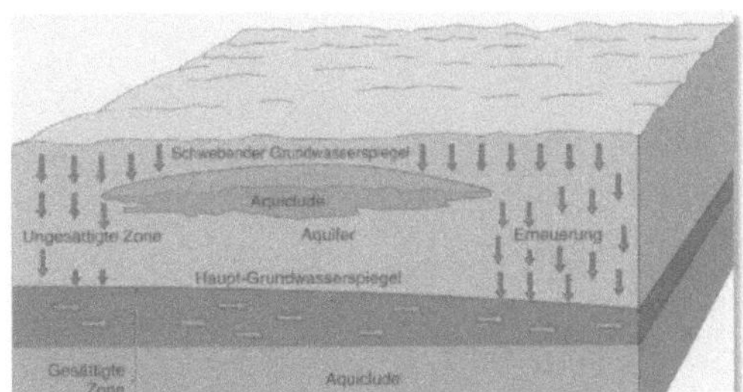

8.1 Grundwasserbewegung

Grundwasser fließt innerhalb der Aquifere; Bewegung abhängig von

- Durchlässigkeit (Porosität) des Speichergesteins
- hydraulisches Gefälle

8.2 Grundwasserexfiltration

Grundwasser hat gegenüber Oberflächenwässern viel längere Verweildauer und fließt so sehr verzögert als Basisabfluss aus Aquiferen

- in Vorfluter (Gerinne oder Geländesenken)
- tritt an Quellen wieder an die Erdoberfläche

8.3 Grundwasserneubildung

- Infiltration von Niederschlagswasser
- Infiltration von Oberflächenwässern aus deren Sohl- und Uferbereich bei Wasserschwankungen

⇨ Grundwasser-Neubildung ist am höchsten bei

- ausreichend Niederschlag (gering aber konstant)
- geringe Evapotranspiration
- Vegetationsruhe
- nicht vorhandener Bodengefrornis

9 Atmosphäre und Biosphäre

Atmosphäre und Biosphäre als Süßwasserspeicher (vgl. Klimatologie, Vegetationsgeographie)

V.   Vegetationsgeographie

> ## Vegetationsgeographie
>
> • Die Vegetationsgeographie beschäftigt sich mit der Pflanzendecke der Erde.
>   ⇨ Raumbezug, Standort und Landschaft sind vordergründig

- Bedeutung der Pflanzen: Primärproduzenten
  ⇨ Nahrungsgrundlage & Nährstoffspeicher
- weltweit sind ca. 350.000 Gefäßpflanzen nachgewiesen
  ⇨ globale Biodiversität: Artenvielfalt ist unterschiedlich verteilt

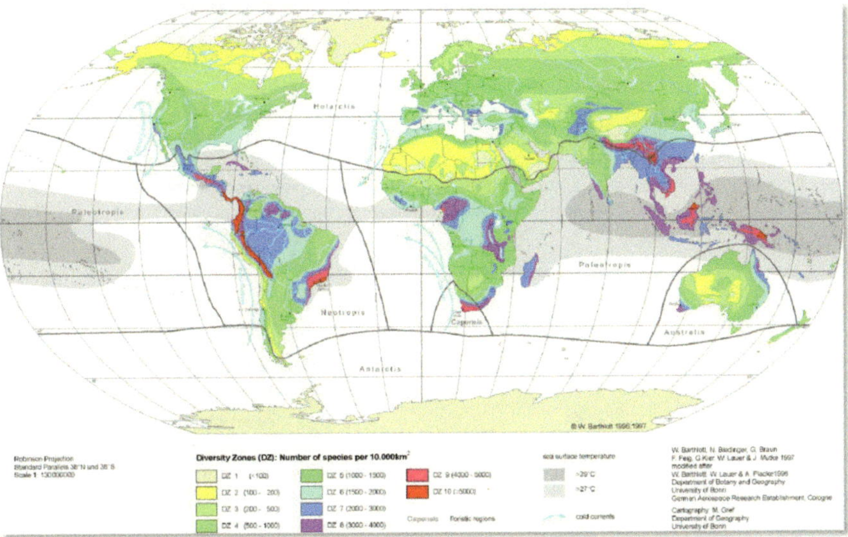

Quelle: http://www.biologie.uni-hamburg.de/b-online/fo56/globbiod.gif

1   Systematik

⇨ Einordnung in ein System verwandtschaftlicher Beziehungen, d.h. nach dem Grad der
   Verwandtschaft auf der Basis von Sippeneinheiten (Taxa)

⇨ wichtigste Rangstufe: **Art** von Individuen:

taxonomische Kategorien	taxonomische Einheiten (Beispiel)	
Reich	Pflanzen	
Unterreich	*Cormobionta*	= Gefäßpflanzen
Abteilung	*Spermatophyta*	= Samenpflanzen
Unterabteilung	*Angiospermae*	= Bedecktsamer
Klasse	*Dicotyledonae*	= Zweikeimblättrige
Ordnung	*Asterales*	
Familie	*Asteraceae*	= Korbblütler
Gattung	*Bellis*	
Art (species, spec.)	*Bellis perennis*	= **Gänseblümchen**
Unterart (subspecies, ssp.)		
Varietät (varietas, var.)		
Form (forma, f.)	*hortensis* (gefüllt)	

taxonomische Kategorien	taxonomische Einheiten (Beispiel)	
Reich	Tiere	
Unterreich	*Metazoa*	= vielzellige Tiere
Stamm	*Arthropoda*	= Gliederfüßler
Unterstamm	*Tracheata*	= Tracheenatmende
Klasse	*Hexapoda*	= Insekten
Unterklasse	*Pterygota*	= geflügelte Insekten
Ordnung	*Diptera*	= Zweiflügler
Unterordnung	*Brachycera*	= Fliegen
Familie	*Muscidae*	= echte Fliegen
Gattung	*Musca*	
Art	*Musca domestica*	= **Große Stubenfliege**

Art (Artdefinition nach Mayr, 1967)

•Eine Art (spezies) ist definiert als Gruppe sich miteinander kreuzender natürlicher Populationen, die reproduktiv von anderen solchen Gruppen isoliert ist.

- Arten sind miteinander kreuzbar
- Arten zeugen fertile Nachkommen (⇨ z.B. Maultier keine Art!)
- Arten kommen natürlich miteinander vor (⇨ z.B. Tigon keine Art!)

2 Fortpflanzung und Ausbreitung

vegetative Fortpflanzung

•ungeschlechtlich
•Tochtergeneration unterscheidet sich genetisch nicht von Muttergeneration
•Bsp.: Erdbeere (bildet Ausläufer)

generative Fortpflanzung

•geschlechtlich
•Tochtergeneration hat eigene Genkombination
•bei Samenpflanzen ⇨ Samen
•bei Fanen, Moosen, Algen und Pilzen ⇨ Sporen

⇨ generative Diasporen bzw. vegetative Einheiten werden über Mechanismen verbreitet, um „safes sites" zu erlangen, an denen Keimung, Überleben und ggf. Etablierung möglich ist

Unterscheidungsmöglichkeiten:

- Art der Vektoren: Autochorie und Allochorie

Autochorie

•Pflanze führt den Transport selbst durch ⇨ z.B. Ausläuferbildung
•Samen bewegen sich selber ⇨ z.B. durch Grannen

Allochorie

•Transport durch
•Tiere ⇨ **Zoochorie**
•Wind ⇨ **Anemochorie**
•Wasser ⇨ **Hydrochorie**
•Schleudermechanismen ⇨ **Ballochorie**

- Länge der Vektoren: Nah- und Fernausbreitungsmechanismen

3   Arealkunde

3.1   Definition Areal und Abgrenzung zu Habitat

Areal

- Das geographisch abgegrenzte Verbreitungsgebiet einer Art, welches durch ihre äußeren Fundorte begrenzt wird, wird als das Areal dieser Art bezeichnet (geographischer Begriff).

⇨ kann auf einer Karte eingezeichnet werden

Habitat

- Das Habitat beschreibt den Lebensraum eines Organismus, also die Kombination räumlicher Eigenschaften, die die physische Grundlage für das Auftreten einer Art liefern (autökologischer Begriff).

⇨ Arten haben unterschiedliche Habitatansprüche

⇨ bei Tieren setzt sich das Habitat oft aus mehreren Teilhabitaten zusammen (z.B. Zugvögel)

3.2   Arealbildung

Potentielles Areal: gegeben durch die übergeordnet steuernden Standortansprüche (Großklima)

⇨ Zeitfaktor

- Verbreitungsschranken: unüberwindbare Hindernisse (klimatische Ungunsträume, geomorph. Barrieren etc.) die das Areal einer Art eingrenzen
- Ansiedlungshindernisse: hier sind bestimmte andere Standortansprüche (edaphische, biotische etc.) der Art nicht erfüllt
- Zeit (Ausbreitungsgeschwindigkeit

Reales Areal (temporär): begrenzt durch klimatische, geomorphologische, biotische und edaphische Faktoren, meist kleiner als potentielles Areal

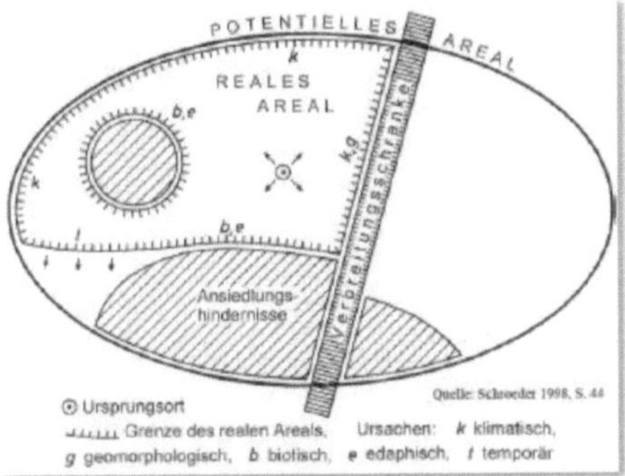

Quelle: http://player.slideplayer.org/10/2909919/data/images/img12.jpg

3.3   Progressive und regressive Areale

Areale sind nicht statische Gebilde, sondern verändern ihre Form über die Zeit.

Progressive Areale	Regressive Areale
•sich ausdehnend •Arten, die ihr potentielles Areal noch nicht ausfüllen •Bsp.: Wasserpest, Götterbaum	•rückschreitend •vornehmlich Folge von Umweltveränderungen und menschlichem Eingriff •Bsp.: Ginko

- **Neophyten** („Neubürger"): Arten, die ein Areal erst nach 1492 besetzt haben
- **invasive Arten**: aggressive Ausbreitung mit Gefährdung der heimischen Fauna

3.4   Arealgestalt

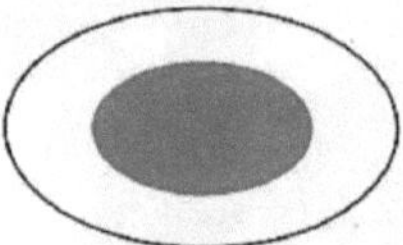 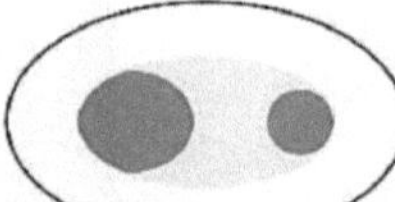 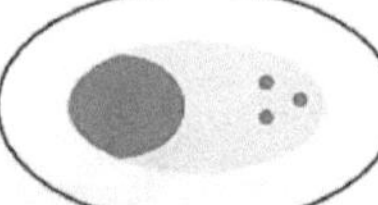 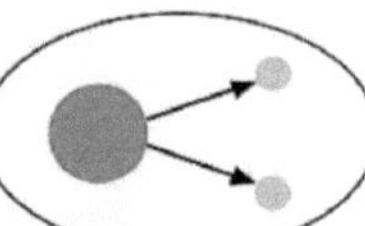

Rotbuche	Zirbelkiefer	Ginko	Wasserpest

- **Geschlossenes Areal**:
  Lücken zwischen Wuchsorten sind so klein, dass sie mit der für die Sippe normalen
  Verbreitungsart überwunden werden können (also ein Genaustausch möglich ist)
- **Disjunktes Areal**:
  besteht aus mehreren Teilarealen, die nicht mit natürlichen Verbreitungsmechanismen
  überwunden werden können
  Entstehung:
  - anomal große Fernausbreitungssprünge (z.B. durch Zugvögel)
  - Zerschlagung eines ehemals geschlossenen Areals durch Umweltveränderungen
- **Reliktareal**: Sonderform der disjunkten Areale
  räumlich sehr kleines Areal früherer viel größerer Areale
  ⇨ Relikte, z.B. Ginko, Mammutbaum

Vikarianz	Endemismus
•nahe verwandte Sippen in verschiedenen Regionen (vikariierende Arten) •Bsp. Tanne: Fagus und Notofagus auf Nord- bzw. Südhalbkugel	•eine Sippe kommt ausschließlich in einem bestimmten geographischen Gebiet vor •ist das Gebiet sehr klein, spricht man vom sog. "Lokalendemit" •je nach Entstehung •**Paleoendemit** (alt eingesessene Art wird auf ein Gebiet zurückgedrängt) •**Neoendemit**: durch Artenneubildung

Die Arealgrößen können unterschiedlich sein:

stenochore Arten	eurychore Arten
•besiedeln nur kleine Räume	•besiedeln ausgedehnte Gebiete, die sich über Kontinente, Zonen oder Hemisphären erstrecken können

Kosmopoliten	Ubiquisten
•Arten mit weltweite Verbreitung •aber: durchaus an bestimmte Habitate (z.B. Feuchtgebiete, Salzstandorte) gebunden •Bsp.: Schilfrohr, Adlerfarn, Brennnessel	•Arten mit weiter Verbreitung, die eine Vielzahl unterschiedlicher Habitate besiedeln ⇨ euryöke Arten, Generalisten •Bsp.: Scheinakazie

3.5   Vom Areal zum Florenreich

3.5.1   Arealtyp

Areale ähnlicher Grundform, Größe und Lage können zu **Arealtypen** oder Geoelementen (in Bezug auf Vegetation auch „**Florenelement**" genannt) zusammengefasst werden, die sich dann von anderen Arealtypen oder Florenelementen abgrenzen.

Bsp.: Europa

Klimatische Charakteristika werden wiedergespiegelt:

1. Zonale Temperaturabhängigkeit mit der Breitenlage
   arktisch ⇨ mediteran
2. ozeanisch-kontinentaler Gradient:
   atlantisch ⇨ eurasiatisch
3. zusätzlich auch Höhenverbreitung von Bedeutung:
   planar, collin, montan, subalpin, alpin, subnival

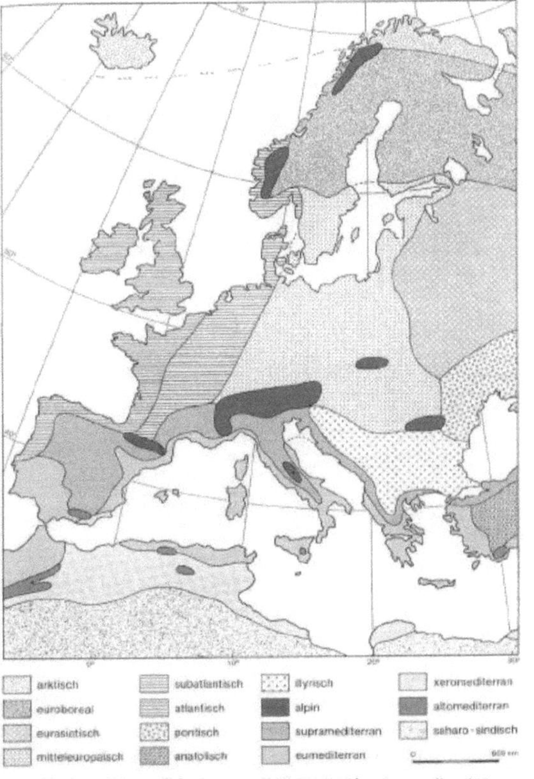

Quelle: http://player.slideplayer.org/10/2909919/data/images/img14.jpg

3.5.2   Florenreich

Florenreich

• höchste Rangstufe der Einteilungshierarchie von Arealen

- können unterteilt werden in Florenregionen und Florenprovinzen
- Florenreiche:
  - Holarktis
  - Neotroppis
  - Palaeotropis
  - Capensis
  - Australis
  - Antarktis

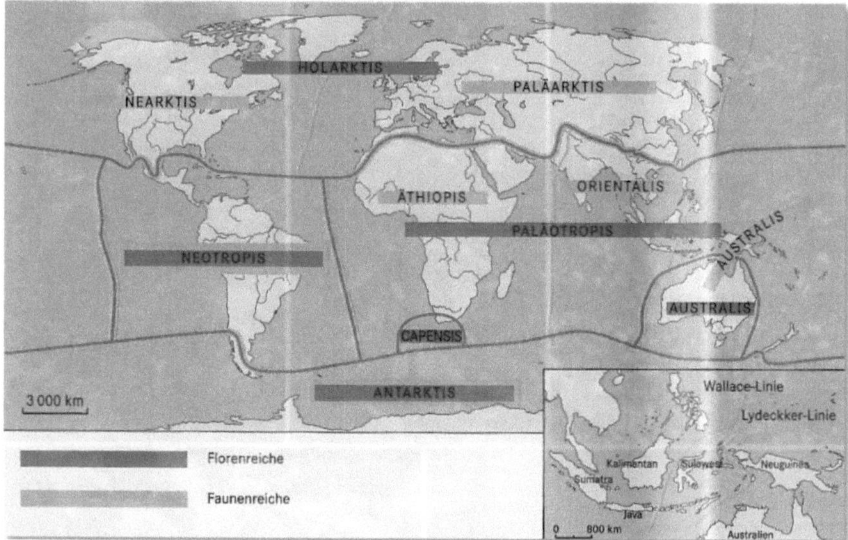

3.5.2.1 Holarktis

- umfasst den größten Teil der nördlichen Hemisphäre
- floristisch recht einheitlich
    - ⇨ Unterschiede ergeben sich nur durch verschiedene Vereisungsgeschichte
    - ⇨ Europa formenärger als Ostasien und Teile Nordamerikas, die nicht von der quartären Vereisung betroffen waren
- typische Arten: Abies, Larix, Pinus, Picea

3.5.2.2 Paläotropis

- erstreckt sich über die altweltlichen Tropen und Subtropen (Afrika zur Nordsahara und ohne Kapregion, Südasien, Ozeanien)
- Reichtum an Sukkulenten, Fehlen von Kakteen (außer Rhipsalis)
- typische Arten: Euphorbiaceae, Andropogon, Panicum

3.5.2.3 Neotropis

- umfasst die neuweltlichen Tropen und Teile der Subtropen (Süd- und Mittelamerika)
- großer Endemitenreichtum
- typische Arten: Bromeliaceae, Cactaceae, Agave, Yucca

3.5.2.4 Australis

- erstreckt sich über den australischen Kontinent
- erdgeschichtlich am längsten isoliert (80% Endemiten)
- typische Arten: Proteaceae, Eucalyptus, Xantorroea

3.5.2.5 Capensis

- erstreckt sich über die afrikanische Kap-Region
- kleinstes Florenreich mit rund 6.000 Blütenpflanzen und hohem Endemitenreichtum
- typische Arten: Amaryllis, Clivia

3.5.2.6 Antarktis

- Kennzeichen: extreme Klimabedingungen und Artenarmut (13 Gattungen)
- typische Gattungen: Nothofagus, Azorella, Gunnera

4 Vegetationstypen und ihre Klassifizierung

Vegetation		Fauna
•Summe aller an einem Standort zusammen lebenden Pflanzenindividuen unter Einfluss der herrschenden Umweltfaktoren •"Pflanzenkleid" an einem Standort	↔	•Summe aller Pflanzenarten eines Gebietes

Vegetationstypen (oder -einheiten) können unterschieden werden über

- beteiligte Taxa (Pflanzensippen) ⇨ Pflanzengemeinschaften, Pflanzengesellschaften
- Physiognomie (Lebensformen) ⇨ Pflanzenformationen

4.1 Pflanzenformationen nach Ellenberg & Müller-Dombois (1967)

Physiognomische Klassifizierung von Vegetationstypen auf Grundlage

- unterschiedlicher Lebensformen der Pflanzen, die bestimmte Gestalttypen hervorrufen
- der Dichte der Vegetationsdecke
- ökologischer Kriterien zur genauen Differenzierung

⇨ gröbere Klassifizierung, auch für globale Vergleiche geeignet

Klassifizierung:

I. Phanerophyten-Formation

- •A :: Wald ⇨ geschlossene Bestände aus Bäumen > 5m, Kronendach mind. 50% deckend
- •B :: Offenwald ⇨ physiognomisch von Bäumen beherrscht, Kronendach < 30% deckend
- •C :: Gebüsch ⇨ Sträucher < 5m hoch, geschlossen oder offen

II. Nicht von Phanerophyten beherrtschte Formation

- •D :: Heide ⇨ geschlossene Bestände aus Zwergsträuchern
- •E :: Grasflur ⇨ Physiognomie durch ausdauernde Grasartige bestimmt
- •F :: Staudenflur ⇨ überwiegend aus nicht grasartigen, krautigen Ausdauernden
- •G :: Anuellenflur ⇨ kurzlebige Bestände aus einjährigen Pflanzen
- •H :: Moos- und Flechtendecken
- •I :: Süßwasservegetation

III. Nicht geschlossene Formation

- •J :: Halbwüste ⇨ diffuse Vegetation
- •K :: Vollwüste ⇨ kontrahierte Vegetation

4.2   Lebensformen nach Raunkiaer (1904)

⇨ werden beschrieben über die unterschiedliche Lage der Überdauerungsknospen

<table>
<tr><td>

- Phanerophyten (2):
  verholzte oder immergrüne
  Perenne > 50 cm
- Chamaephyten (1a, b):
  perennes Ast- oder
  Sprosssystem < 50 cm
- Hemikryptophyten (3a, b):
  nur basale Sprossteile;
  mehrjährig, nicht verholzt
- Geophyten (4a, b):
  Überlebensorgane im
  Boden (Knollen, Zwiebeln)
- Therophyten (5): einjährige
  Samenüberdauerung

außerdem:

- Hydrophyten: Überdaue-
  rungsorgane im Wasser
- Lianen
- Epiphyten (Aufsitzer)

</td><td>

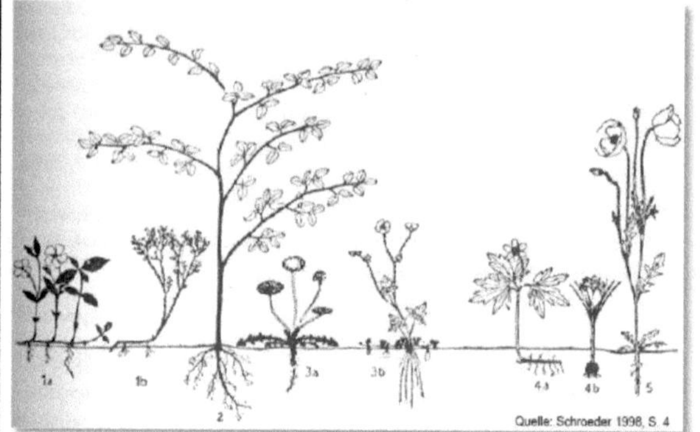

Quelle: Schroeder 1998, 4

</td></tr>
</table>

4.3   *Vegetationszonen der Erde*

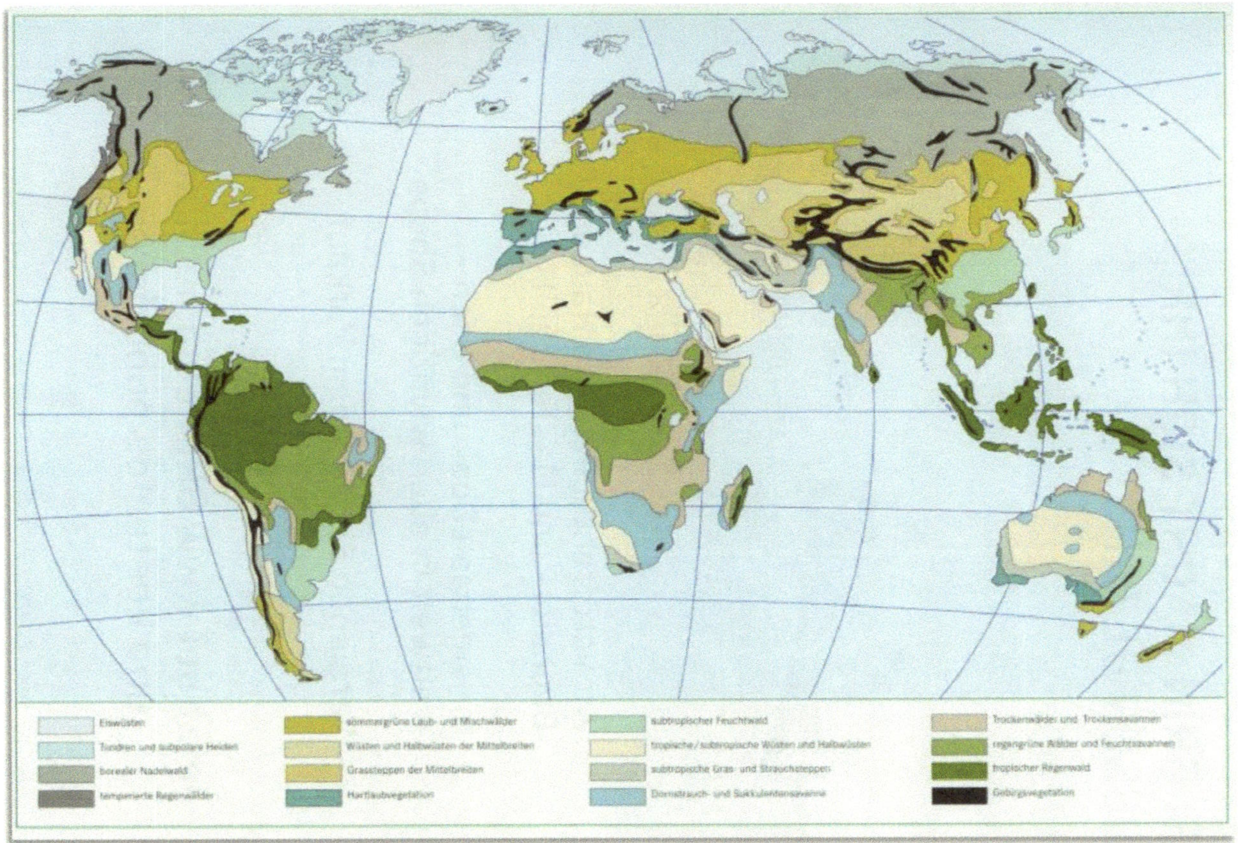

BEI GRIN MACHT SICH IHR WISSEN BEZAHLT

- Wir veröffentlichen Ihre Hausarbeit,
  Bachelor- und Masterarbeit

- Ihr eigenes eBook und Buch -
  weltweit in allen wichtigen Shops

- Verdienen Sie an jedem Verkauf

Jetzt bei www.GRIN.com hochladen
und kostenlos publizieren